黄河三角洲
土壤环境及其修复利用

谢文军　王光美　吴　涛　著

中国农业科学技术出版社

图书在版编目(CIP)数据

黄河三角洲土壤环境及其修复利用 / 谢文军，王光美，吴涛著. --北京：中国农业科学技术出版社，2023.10
ISBN 978-7-5116-6468-6

Ⅰ.①黄… Ⅱ.①谢…②王…③吴… Ⅲ.①黄河-三角洲-土壤环境-研究 Ⅳ.①X144

中国国家版本馆 CIP 数据核字(2023)第 188715 号

责任编辑 申 艳
责任校对 王 彦
责任印制 姜义伟 王思文

出 版 者 中国农业科学技术出版社
北京市中关村南大街 12 号 邮编:100081
电 话 (010) 82103898 (编辑室) (010) 82109702 (发行部)
(010) 82109709 (读者服务部)
网 址 https://castp.caas.cn
经 销 者 各地新华书店
印 刷 者 北京捷迅佳彩印刷有限公司
开 本 148 mm×210 mm 1/32
印 张 6.625
字 数 175 千字
版 次 2023 年 10 月第 1 版 2023 年 10 月第 1 次印刷
定 价 68.00 元

《黄河三角洲土壤环境及其修复利用》

著者名单

主　　著：

谢文军　王光美　吴　涛

副 主 著：

张衍鹏　李学平　许骥坤　付　娟

杨红军　单长青　刘国利

前　　言

黄河三角洲位于渤海湾南岸、莱州湾西岸，受陆海互作、气候变化和人为活动多重影响，生态系统脆弱，被称为“中国最年轻的陆地”，是国家黄河流域生态保护和高质量发展战略实施的重要地区。土壤是三角洲生态系统的重要组成部分，是区域持续、健康发展的关键基础和保障。黄河三角洲土地资源丰富，但土壤盐渍化问题非常突出。近年来，作为重要后备耕地资源，盐渍化土壤的科学利用受到了国家和地方的高度关注。同时，黄河三角洲也是我国重要的石油产区，为国内第二大油田胜利油田的驻地。在石油开采、储运、冶炼等过程中不可避免地会造成土壤污染，随着石油开采向滨海、浅海地区转移，经常出现盐渍化与石油污染叠加的状况。因此，土壤盐渍化、盐渍化土壤石油污染成为黄河三角洲两大土壤环境问题。

与长江三角洲、珠江三角洲等相比，黄河三角洲土壤环境领域的研究报道较少，研究更多集中在生态保护、生态修复及地质等方面，这可能与不同区域产业结构差异有关。为此，多年来，笔者较为系统地开展了黄河三角洲土壤环境及修复治理方面的研究，对土壤典型有机污染物、重金属的污染状况、分布特征等进行了深入分析，研发了盐渍化土壤石油污染修复与盐渍化土壤治理改良技术。本书是对团队研究成果的系统总结，结合文献资料和国内外研究进展，全书共分 7 章。第一章，黄河三角洲土壤盐渍化形成与属性特征，主要介绍黄河三角洲土壤盐渍化形成的机理，以及盐渍化土壤基本理化性质。第二章，黄河三角洲土壤主要污染物来源与分布特征，系统分析黄河三角洲土壤多环芳烃、多氯联苯、有机氯农药、重金属等污染物的含量、分布和来源。第三章，黄河三角洲盐渍化石油污染土壤微生物修复技术，主要包括盐渍化石油污染土壤土著修复微生物的筛选、修复效果和修复机制。第四章，黄河三角洲盐渍化石油污染土壤植物修复技术，主要包括盐渍化石油污染土壤土著修复植物的筛选、修复效果和修复机制。第五章，黄河三角洲盐渍化石油污染土壤生物修复技术体系，主要介绍不同修复技术的集成和联合利用。第六章，黄河三角洲盐渍化土壤治理技术，主要包括耐盐功能微生物、耐盐植物、秸秆等在盐渍化土壤改良、治理中的应用，并提出该地区土壤改良的策略。第七章，黄河三角洲盐渍化土壤治理技术体系，主要包括盐渍化土壤治理技术选择，不同盐渍化程度土壤治理技术体系。

本书在撰写过程中吸纳了国家自然科学基金面上项目（41877101）、国家“十二五”科技支撑计划重点项目课题（2013BAD05B03）、山东省重点研发项目（2009GG10006012、2015GNC111006、2019GNC106003、2021SFGC0301）、山东省中青年科学家科研奖励基金（2008BS09024）等的部分研究成果。本书出版得到了青岛理工大学学术著作出版基金的资助，主要执笔人为谢文军、王光美、吴涛，由谢文军定稿。在研究与撰写过程中课题组博士后研究人员王小宁、博士研究生石彩玲参与了本书部分修订工作，在此，一并表示感谢！

本书在内容上力求系统、深入、创新，但由于作者水平有限，不足之处在所难免，敬请各位读者批评指正。

谢文军

2023 年 9 月于青岛

目　　录

第一章　黄河三角洲土壤盐渍化形成与属性特征

盐渍化土壤是指可溶性盐含量高，对土壤性质和植物生长造成不利影响的各类土壤的统称，包括盐化土壤、碱化土壤、盐土和碱土。当前，全球土壤盐渍化仍呈上升趋势，已经引起越来越多的关注，国际土壤科学联合会（International Union of Soil Sciences）将“防止土壤盐渍化，提高土壤生产力”作为2021年世界土壤日主题。我国盐渍化土壤资源丰富，总面积达3.69×10^{7} hm^{2}，从滨海到内陆分布广泛，主要包括滨海盐渍区、泛滥平原盐渍区、荒漠及荒漠草原盐渍区、草原盐渍区。我国盐渍化土壤研究始于20世纪50年代，围绕水盐运移、改良利用、综合治理等开展了大量工作，在拓展资源、提高产能、发展农业生产等方面发挥了重要作用。

1.1　黄河三角洲土壤盐渍化的形成

我国滨海盐渍化土壤分布广，沿海地区自南至北都有发生，但北方盐渍化程度更高，海水入侵、地下水矿化度高、地下水埋深浅是导致滨海土壤盐渍化的主要成因（图1-1）。黄河三角洲濒临渤海，属温带季风型大陆性气候，一年四季分明，年平均气温11.7~12.6 ℃，极端最高气温41.9 ℃，极端最低气温-23.3 ℃；光照充足，年平均日照时数2 590~2 830 h；无霜期211 d；雨热同期，年平均降水量530~630 mm，70%分布在夏季；年平均蒸散量为750~2 400 mm。黄河三角洲为典型的滨海盐渍化区域，受地理位置影响，氯化物是土壤中可溶性盐的主要组分，占可溶性盐总量的

60%～80%，Na^+占阳离子总量的70%～85%，碳酸盐含量较少，约占10%，pH值8.5左右。不同季节盐渍化土壤含盐量变化很大，距海岸愈远，土壤含盐量愈低。随土壤含盐量增加，氯化物在总盐中的占比显著提高。

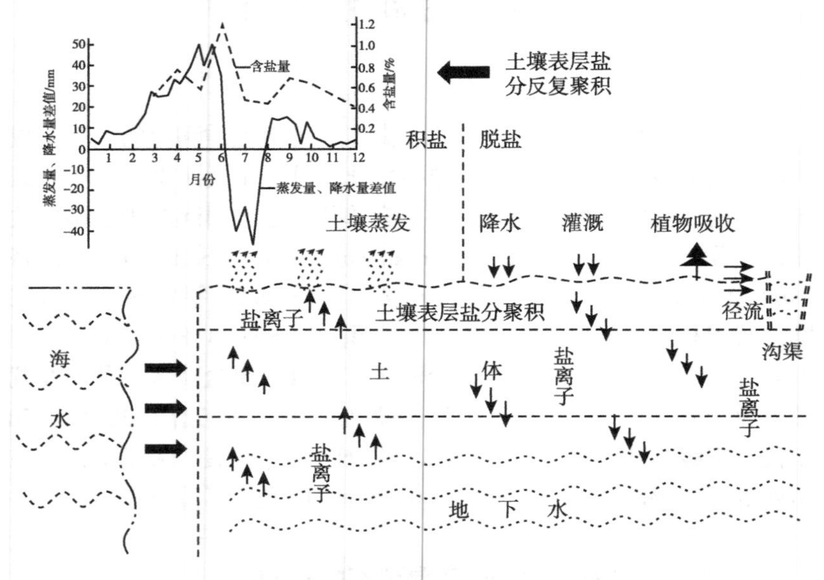

图1-1　滨海盐渍化土壤盐分积聚过程与特征

土壤盐渍化形成与气候条件、灌溉方式、耕作措施、盐（海）水入侵等有密切关系。在黄河三角洲，海潮入侵浸润土壤后，残留的盐分需要经数年淋洗才能移除；同时，土壤盐渍化与地下水有密切的关系。该地区平均海拔高度为2～10 m，地下水埋藏深度多小于1.5 m，但矿化度高，达10～50 g/L，最高达100 g/L。在土壤蒸发作用带动下，地下水通过土壤毛管由下向上不断迁移，水分散失后，溶于水中的盐分不断在上层土壤中聚积，造成土壤盐渍化的发生。水分在土壤毛管中的运动受土壤质地的影响，质地愈黏，毛管水上升越慢，但距离长；质地愈砂，毛管水上升距离愈短；轻壤质土壤的毛管作用最强，因此这种土壤的改良对地下水埋藏深度的要求更低，一般在 3 m 以下。

黄河三角洲土壤盐分随季节变化很大。该地区年蒸发量大于降水量，是典型的脆弱生态区，干旱季节（9 月至翌年 5 月，尤其是 10 月和翌年的 3—4 月）蒸发强烈，是盐分累积时期。干旱季节处于植物（农作物）盖度低的时期，强烈的蒸发作用，驱动地下水中盐分不断在表层聚积，冬末初春土表遍布白色盐霜。6—8 月是黄河三角洲的雨季，大量降雨使可溶性盐分淋入地下水中，土壤含盐量显著降低。盐随水移，盐渍化区域排水不畅或水位较高，土体中盐分经淋洗后，再经蒸发又会向上移动和累积，造成盐分反复聚积的问题，这是黄河三角洲土壤盐渍化的典型特征，也是区别于内陆土壤盐渍化的一个重要特点。盐分在土体中反复聚积致使其治理的难度大幅增加。

1.2　土壤盐渍化程度表征参数与分级

1.2.1　土壤盐渍化程度表征参数

土壤盐分总量是用来表征土壤可溶性盐分总量的参数，主要有土壤含盐量（质量分数）和电导率（EC 值）。一般常用水浸提土壤中的可溶盐（水土比 5∶1），土壤含盐量是将浸提液蒸干，残渣去除有机质等后称重，从而得到土壤含盐量，常用单位为“%”和“g/kg”。电导率测定采用电导率仪，经常采用的也是水土比为 5∶1 的土壤浸提液，常用单位为“dS/m”；国际上通常采用饱和泥浆提取液测定的电导率（ECe）来表征土壤盐渍化程度，土壤饱和泥浆提取液的制备费时费力，二者之间可以通过公式进行换算（Rengasamy et al.，1984）。

$$ECe=(14-0.13\times 土壤黏粒含量)\times EC_{1:5} \quad (1-1)$$

式中，ECe 为土壤饱和泥浆提取液电导率；$EC_{1:5}$ 为土壤水土比

5∶1 浸提液测得的电导率；14 为常数项；0.13 为方程系数。

盐渍化土壤含盐量与电导率之间也可以进行换算，但因土壤质地、盐分组成等差异，要具体情况具体分析。

钠碱化度（ESP）指土壤胶体吸附的交换性 Na^+ 占阳离子交换量的百分比，是表征土壤碱化程度的指标之一，计算公式如下：

$$ESP(\%)=[Na^+]\times 100/CEC \qquad (1-2)$$

式中，ESP 为钠碱化度；CEC 为土壤阳离子交换量；$[Na^+]$ 为 Na^+ 浓度。

钠吸附比（SAR）指土壤溶液中 Na^+ 浓度与 Ca^{2+}、Mg^{2+} 平均浓度的平方根的比值，也是表征土壤碱化的重要指标。计算公式如下：

$$SAR=[Na^+]/\sqrt{[Ca^{2+}+Mg^{2+}]/2} \qquad (1-3)$$

式中，SAR 为钠吸附比；$[Na^+]$ 为 Na^+ 浓度；$[Ca^{2+}+Mg^{2+}]$ 为 Ca^{2+}、Mg^{2+} 浓度之和。

总碱度指土壤溶液中碳酸根、碳酸氢根含量之和，也是反映土壤碱化程度的参数。

$$总碱度=[CO_3^{2-}]+[HCO_3^-] \qquad (1-4)$$

式中，$[CO_3^{2-}]$ 为碳酸根离子浓度；$[HCO_3^-]$ 为碳酸氢根离子浓度。

1.2.2 盐渍化土壤分级

土壤盐渍化程度分级是一个复杂问题，土壤采样时间、采样地点、采样深度都会对盐渍化表征参数产生影响。国际上通常基于 ECe、ESP 这两个指标对盐渍化土壤进行划分：碱土，ECe<4 dS/m、ESP>15；盐渍化土壤，ECe>4 dS/m、ESP<15；盐碱土，ECe>4 dS/m、ESP>15。

我国土壤学家王遵亲先生提出了我国土壤盐渍化、土壤碱化分级标准（表 1-1、表 1-2），在各类盐渍化土壤改良利用中发挥了重要作用。

表 1-1　土壤盐化分级指标

盐化系列及适用地区	土壤含盐量/(g/kg)					盐渍化类型
	非盐渍化	轻度	中度	重(强)度	盐土	
滨海、半湿润半干旱、干旱区	<1.0	1.0~2.0	2.0~4.0	4.0~6.0 (10.0)	>6.0 (10.0)	HCO_3^- + CO_3^{2-}、Cl^-、Cl^--SO_4^{2-}、SO_4^{2-}-Cl^-
半荒漠及漠境区	<2.0	2.0~3.0 (4.0)	3.0~5.0 (6.0)	5.0(6.0) ~ 10.0(20.0)	>10.0 (20.0)	SO_4^{2-}、Cl^--SO_4^{2-}、SO_4^{2-}-Cl^-

注:引自王遵亲等(1993)。

表 1-2　土壤碱化分级指标

分级	钠碱化度（ESP）/ %	pH（1∶1）
弱碱化土	4~13	8.8~9.1
中度碱化土	13~22	9.1~9.3
强碱化土	22~40	9.3~9.6
瓦碱	>40	>9.6

注：引自王遵亲等（1993）。

鲍士旦教授结合 ECe、土壤含盐量及作物生长情况提出了盐渍化土壤分级标准（表 1-3）。

表 1-3　土壤电导率、含盐量与作物生长关系

ECe/(dS/m)	含盐量/(g/kg)	盐渍化程度	作物反应
0~2	<1.0	非盐渍化土壤	不产生盐害
2~4	1.0~3.0	轻度盐渍化土壤	极敏感作物可能受到影响
4~8	3.0~5.0	中度盐渍化土壤	敏感作物受影响，但耐盐作物无影响
8~16	5.0~10.0	重度盐渍化土壤	只有耐盐作物生长，且影响发芽
>16	>10.0	极重盐渍化土壤	只有少数耐盐植物生长

注：引自鲍士旦（2000）。

人多地少是我国的国情，不同盐渍化土壤利用好了是重要的（后备）耕地资源，利用不好可能会进一步退化，导致生产与生态功能降低，在产出效益降低的同时，还会带来一系列生态环境问题。结合当地资源条件，因地制宜、合理开发、分类改良是盐渍化土壤科学利用应遵循的原则。

1.3 黄河三角洲盐渍化土壤主要属性

1.3.1 盐渍化土壤属性

在土壤盐渍化过程中，大量 Na^{+} 逐渐替代土壤胶体上 Ca^{2+}、Mg^{2+} 等高价阳离子，使土壤团聚体结构破坏，板结，氧气含量低，进而影响一系列土壤物理、化学和生物过程。有机碳（质）含量低是盐渍化土壤一个突出特征，主要原因：第一，盐胁迫使植物生长受到抑制，从而进入土体中的有机物质大大减少；第二，团聚体结构被破坏，有机碳失去了物理保护，分解速率加快；第三，盐的溶剂化效应，致使不同有机碳组分从土壤矿物表面释放出来，分解加快。土壤盐渍化降低了微生物活性，改变了其群体组成：首先，高盐环境致使敏感微生物种群难以存活；其次，土壤有机碳含量低，微生物生长所需碳源、能源不足（Kamble et al., 2014）；最后，土壤高 pH、低氧含量等均对微生物群体结构等产生显著影响。微生物在土壤结构形成、有机物质转化、养分循环、能量转换等方面都发挥了重要作用，采用末端限制性片段长度多态性分析（T-RFLP）技术对黄河三角洲不同盐渍化程度土壤细菌、真菌及丛枝真菌群体结构进行分析（Zhang et al., 2019），发现盐度是驱动土壤微生物群体演变的关键因子，随着盐度的增加，土壤微生物生物量显著降低，细菌中与碳固持相关的 *Planctomyces* 和 *Archangium* 相对丰度降低；真菌中能够利用木质素等难降解有机物质的 *Hydropisphaera* 相对丰度显著增加；丛枝真菌 *Glomus*、*Sclerocystis*、*Septoglomus* 等相对丰度也有所降低。土壤有机质、速效钾对微生物种群构建有促进作用。丛枝真菌能够改善盐渍化土壤结构，降低含盐量，提高 P、K、Ca、Mg 等养分的生物有效性。利用高通量测序等分子生物学技术分析表明，在盐渍化土壤中引入丛枝真菌后，微生物群体结构得到优化，细菌、真菌多样性增加，与土壤肥力相关的 *Arthrobacter*、*Pedobacter*、*Pontibacter*、*Trichoderma* 相对丰度提高。盐渍化土壤养分含量低、保蓄及供应能力差：除 K 外，N、P、中量及微量元素生物有效含量都会随土壤盐度、pH 的升高而降低，参与 C、N、P、S 循环的土壤酶活性在高盐条件下也会显著受到抑制，但氨挥发显著增强（Singh，2016）。

1.3.2　盐渍化土壤属性与生产力

黄河三角洲土壤含盐量多为 0.1%~2.0%，不同盐渍化程度土壤占土地总面积的 70%左右。以该地区无棣县、沾化区盐渍化麦田为研究对象，在小麦收获前，选取 41 个采样点进行土壤主要理化性质分析。每个采样点取 0~20 cm 土壤，风干过筛，测定土壤 pH、容重、含盐量、有机质、速效氮、有效磷、速效钾含量，同时，对应土壤取样点，设 1 m^2样方，测定小麦产量、地上部生物量，分析土壤盐渍化与小麦生长之间的关系。结果表明，土壤含盐量为 1.34~4.72 g/kg，基本涵盖了不同盐渍化程度农田土壤类型（表 1-4）。

表 1-4　研究区域土壤理化性质、小麦产量及生物量

项目	pH (1∶5)	容重/ (g/cm^3)	含盐量/ (g/kg)	有机质/ (g/kg)	速效氮/ (mg/kg)	有效磷/ (mg/kg)	速效钾/ (mg/kg)	小麦产量/ (kg/hm^2)	地上部生物量/ (t/hm^2)
平均值	8.47	1.31	2.69	13.9	72.4	21.6	681	4 650	10.0
中值	8.47	1.28	2.54	14.4	53.6	19.5	671	4 905	9.84
最小值	8.06	1.16	1.34	7.5	29.0	0.9	268	450	1.38
最大值	8.88	1.51	4.72	20.2	301.0	120.7	1 974	7 140	21.34

由表 1－4 可以看出，有机质、速效氮平均含量分别为 13. 9 g/kg、72. 4 mg/kg，中值分别为 14. 4 g/kg、53. 6 mg/kg；土壤容重平均值和中值分别为 1. 31 g/cm^3、1. 28 g/cm^3，与非盐渍化土壤相比偏高；有效磷含量平均值和中值分别为 21. 6 mg/kg、19. 5 mg/kg，与非盐渍化土壤相比偏低；速效钾含量平均值和中值较高，分别为 681 mg/kg、671 mg/kg，这主要和滨海地区受海水入侵的影响有关，符合滨海盐渍化土壤特征。

相关分析表明（表 1–5），土壤有机质含量与土壤含盐量呈显著负相关（P<0. 05），与土壤容重呈极显著负相关（P<0. 01），与小麦产量及生物量呈极显著正相关（P<0. 01）。这表明土壤有机质含量增加能够显著降低土壤含盐量、容重，增加小麦产量、生物量，在提高盐渍化土壤生产能力方面发挥重要作用。土壤速效钾含量与有机质含量呈极显著正相关（P<0. 01），主要是由于研究区域土壤有机质提高主要源于秸秆还田，秸秆还田在提高土壤有机质的同时，也显著增加了土壤速效钾含量。土壤含盐量与小麦产量、生物量呈极显著负相关（P<0. 01），表明土壤盐渍化程度是限制小麦高效生产的主要因素。同时，土壤速效氮含量与含盐量呈显著正相关（P<0. 05），与小麦产量、生物量呈显著负相关（P<0. 05），这可能是由于土壤含盐量过高，小麦生长受到抑制，导致施用的氮素在土壤中累积所致。速效钾含量与小麦产量、生物量呈极显著正相关（P<0. 01），通径分析表明，速效钾对产量的影响有 24%是通过有机质来实现的，此外，钾本身能够降低钠盐毒害作用，增强作物的耐盐能力，提高土壤速效钾含量对于盐渍化区域小麦增产具有显著促进作用。

土壤盐渍化是限制小麦生产的主要因素。当前生产条件下，在黄河三角洲盐渍化区域进行小麦生产应探索适宜的土壤盐渍化程度。不同盐渍化土壤小麦产量、生物量见图 1–2。由图 1–2 可以看出，土壤含盐量超过 3. 5 g/kg 时，小麦产量、生物量大幅下降，仅为<2. 0 g/kg 水平的 46%和 41%。

表 1-5　土壤理化性质、小麦产量及生物量间的相关分析

项目	pH	容重	含盐量	有机质	速效氮	有效磷	速效钾	小麦产量
容重	-0.043							
含盐量	-0.158	0.262						
有机质	-0.088	-0.766**	-0.339*					
速效氮	-0.267	0.063	0.461*	-0.170				
有效磷	-0.272	-0.286	-0.102	0.199	0.368*			
速效钾	0.195	-0.636**	-0.369*	0.632**	-0.237	0.183		
小麦产量	0.257	-0.652**	-0.529**	0.698**	-0.309*	0.158	0.798**	
生物量	0.293	-0.588**	-0.531**	0.637**	-0.316*	0.123	0.762**	0.989**

注：* 表示显著水平（$P<0.05$），** 表示极显著水平（$P<0.01$）

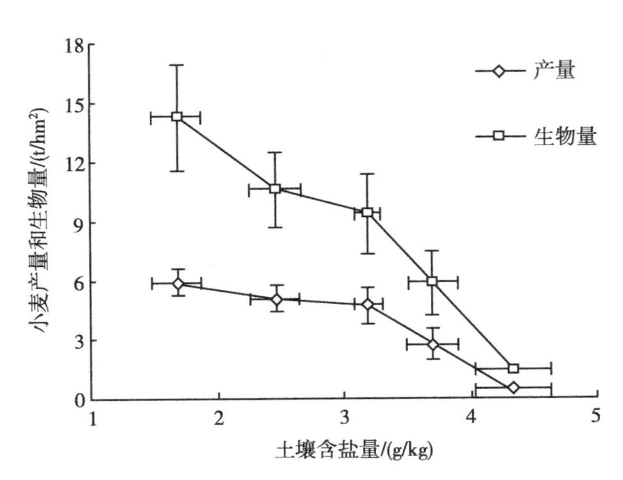

图 1-2　不同盐渍化土壤小麦产量和生物量

经回归分析发现，小麦产量与土壤含盐量符合三次函数方程：

$$Y=5\ 590+291.2X^2-130.6X^3 \quad (R^2=0.979) \qquad (1-5)$$

式中，Y 为小麦产量，kg/hm^2；X 为土壤含盐量，g/kg。

关于作物生产与土壤盐渍化程度的模型较多，Tripathi 和 Pal（1980）认为灌溉水盐度与谷类产量符合一元二次方程，与本章研究结果相近。但影响作物产量的因素很多，应用该方程时，应综合考虑作物耐盐能力、环境条件等因素。若以 4 500 kg/hm^{2}作为小麦在盐渍化区域的最低目标产量，在研究区域生产条件下，土壤含盐量应在 3.1 g/kg 以下。因此，现有生产条件下，土壤含盐量为 3.1 g/kg 可作为黄河三角洲盐渍化区域进行小麦生产的临界值。

主要参考文献

鲍士旦, 2000. 土壤农化分析. 北京: 中国农业出版社.

王遵亲, 祝寿泉, 俞仁培, 等, 1993. 中国盐渍土. 北京: 科学出版社.

KAMBLE P N, GAIKWAD V B, KUCHEKAR S R, et al., 2014. Microbial growth, biomass, community structure and nutrient limitation in high pH and salinity soils from Pravaranagar (India). European Journal of Soil Biology, 65: 87-95.

RENGASAMY P, GREENE R S B, FORD G W, et al., 1984. Identification of dispersive behaviour and the management of red-brown earths. Australian Journal of Soil Research, 22:413-431.

SINGH K, 2016. Microbial and enzyme activities of saline and sodic soils. Land Degradation & Development, 27: 706-718.

TRIPATHI B R, PAL B, 1980. The quality of irrigation water and its effect on soil characteristics and on the performance of wheat. International Symposium on Salt Affected Soils. Karnal: Central Soil Salinity Research Institute: 376-381.

ZHANG W W, WANG C, XUE R, et al., 2019. Effects of salinity on the soil microbial community and soil fertility. Journal of Integrative Agriculture, 18 (6): 1360-1368.

第二章　黄河三角洲土壤主要污染物来源与分布特征

黄河三角洲是京津唐和胶东半岛两大经济发达地区的连接带，是我国环渤海地区重要的经济发展区，以石油化工、纺织、电子、农业等产业为主。近几年，该地区经济得以快速发展，整体水平位居山东省上游。自 20 世纪 90 年代以来，以土地利用、盐碱地改良、生态保护等为重点，地方和国家各级科研机构对该地区的生态状况进行了大量研究。但是，针对土壤有机污染及污染状况的报道很少。对污染源进行定性源解析发现，土壤污染与农业生产、石油化工、冶金、交通运输等产业密切相关，而这些都是支撑黄河三角洲发展的支柱产业。同时，该地区城市化、工业化及农业开发活动加剧，土壤生态环境受到的影响增加。山东省滨州市位于黄河三角洲腹地，总人口 380 万，是重要的粮棉产区和采油基地。农业和石油化工产业产值分别约占地区总 GDP 的 10%和 30%，主要产业包括纺织、石油化工、机械、冶金、交通运输、农业等，其土壤环境状况在黄河三角洲地区具有代表性。

2.1　土壤多环芳烃分布特征

多环芳烃（Polycyclic Aromatic Hydrocarbon，PAHs）是一类分子中含有两个或两个以上苯环的芳烃，是在环境中普遍存在的一种持久性有机污染物。根据苯环的连接方式可分为联苯类、多苯代脂肪烃和稠环芳香烃 3 类。稠环型 PAHs 如萘、菲和芴等，它们的结构特点是相邻的两个苯环共用两个碳原子。PAHs 的性质比较稳定，一般是有色的晶体物质，具有低水溶性、蒸气压，高沸点、熔点和辛醇-水分配系数。典型 PAHs 理化性质见表 2-1，它们能广泛地存在于环境、水和土壤中。PAHs 由于水溶性差，对微生物生长有抑制作用，再加上其特殊且稳定的环状结构，致使其难以被生物利用，在环境中呈不断累积的趋势。PAHs 的不同理化性质，决定了它们在环境中具有不同的化学行为。国际上已将 PAHs 列入优先监测污染物名单之中。

表 2-1　典型 PAHs 的理化性质

PAHs	分子量	熔点/℃	沸点/℃	溶解度/（mg/L，25℃）	log *K*ow	log *K*oc
萘	128.16	80.28	217.95	30.00	3.36	—
苊	152.20	92.93	265.28	3.93	4.07	1.40
二氢苊	154.21	95.00	96.20	1.93	3.98	3.66
芴	166.20	116.00~117.00	295.00	1.68~1.98	4.18	3.86
菲	178.20	100.00	340.00	1.20	4.45	4.15
蒽	178.20	218.00	342.00	0.08	4.45	4.15
荧蒽	202.26	11.00	375.00	0.20~0.26	4.90	4.58
芘	202.30	156.00	393.00	0.08	4.88	4.58
苯并［a］蒽	228.29	158.00~159.00	400.00	0.01	5.61	5.30
䓛	228.30	255.00~256.00	448.00	2.80×10^{-3}	5.16	5.30
苯并［b］荧蒽	252.30	168.30	—	1.20×10^{-3}	6.04	5.70
苯并［k］荧蒽	252.30	215.70	480.00	7.60×10^{-4}	6.06	5.74
苯并［a］芘	252.30	179.00	495.00	2.30×10^{-3}	6.60	5.74
茚并［1,2,3-c,d］芘	276.30	163.60	530.00	0.06	6.58	6.20
二苯并［a,h］蒽	278.35	262.00	—	5.00×10^{-4}	6.84	6.52
苯并［g,h,i］苝	276.34	273.00	550.00	2.60×10^{-4}	6.50	6.20

注：log *K*ow 为正辛醇-水分配系数；log *K*oc 为有机碳吸附系数。

PAHs 的形成途径可分为人为和天然 2 种。自然界的生物合成，以及森林、草原等自燃是主要的天然源；人为源是污染物的主要来源，石油挥发和泄漏、化石燃料不完全燃烧、工业炼焦、电解铝、炼油、火力发电、秸秆与薪材燃烧、吸烟等都是重要人为源。在我国，近年来，关于土壤中 PAHs 的分布特征及污染来源的研究越来越多，在长江三角洲、珠江三角洲、京津及附近地区、青藏高原等区域已有较多报道（表 2-2）。研究结果表明，我国土壤中的 PAHs 含量在不同利用类型土壤及不同区域差别很大。国外对土壤 PAHs 污染研究较我国早，不同国家和地区 PAHs 含量差别也很大。

表 2-2　不同区域土壤中 PAHs 污染含量相关研究

区域	PAHs 种类	平均含量 /(μg/kg)	含量范围 /(μg/kg)	土壤类型
中国				
北京	16	3 917	366~27 825	城市土壤
北京	16	1 347	16~3 884	郊区土壤
大连	14	1 104	219~18 727	农村及城市土壤
济南	16	23.25	1.31~254.08	不同功能区
南京	15	54.4	21.9~533.8	菜地
香港	16	169	—	城市土壤
青藏高原	15	3.98	0.48~14.41	耕地、山坡及河滩
福州	16	522.7	100.2~1 212.1	农田
珠江三角洲	16	244.2	3.3~4 079.0	农田
长江三角洲	15	397	8.6~3 881	农田
尼泊尔	20	1 556	184~10 279	城市土壤
西班牙	16	—	112~1 002	不同功能区
美国	16	2 927	906~7 285	城市土壤
日本	13	610	108~1 641	城市土壤
泰国	16	824	205~2 196	城市土壤
印度	16	1 910	830~3 880	农田
波兰	16	395	80~7 264	农田

注：数据引自陈爱萍（2011）。

2.1.1　土壤 PAHs 分析方法

2.1.1.1　土壤样品采集与处理

在黄河三角洲腹地滨州市（117.8°~118.3°N，37.1°~37.6°E），沿着市区、郊区、农村梯度，结合土地利用类型，共采集表层土壤样品 82 个，其中城区 16 个、郊区 31 个、农村 35 个。土壤采样避开公路、水利工程点、池塘、砖窑厂等人为扰动大的特殊位点，每个采样位点设置大约 100 m^2区域，进行 5 点采样，混合均匀，放入棕色玻璃瓶中。一份样品采样完成后，及时将采样铲轻擦干净，避免交叉影响。在采样的同时，由专人填写样品标签和采样记录，标签一式两份，一份放入瓶中，一份贴在瓶外，标签上注明采样时间、采样地点、采样编号、采样深度。采样结束进行核对，如发现缺项、错误，及时进行补充更正。样品带回实验室后进行低温保存（−4 ℃）。在实验室内，将土壤样品中的碎石、砂砾、植物残体等杂质去除干净后，进行冷冻干燥，干燥后过 0.42 mm 筛，混匀放回玻璃瓶中，尽快测定土壤中有机污染物含量。

2.1.1.2　实验室分析

分析所用有机试剂为色谱纯级，分析纯有机溶剂要进行重蒸。硅胶（0.074~0.149 mm）经丙酮、二氯甲烷及正己烷依次抽提后在通风橱中晾干，在 130 ℃下活化 16 h，存放于干燥器中备用。无水硫酸钠（分析纯）于 450 ℃马弗炉中灼烧 6 h，冷却后存放于干燥器中备用。在进行分析测试时，每 10 个样品设置 1 个重复和 1 个空白样品。出现重复样品间差异 15%以上或空白样品有污染时，样品重新进行分析测定。

提取：精确称取 3.0 g 样品，与 10.0 g 石英砂混匀，置于 20 mL 提取池中，利用快速溶剂萃取仪进行提取。提取温度 100 ℃，压力 1.2×10^3 kPa，提取时间 10 min，利用二氯甲烷循环提取 2 次。在 30 ℃下用旋转蒸发仪将抽提液浓缩至 1 mL 左右。

净化：将浓缩后的提取液加入硅胶层析柱分离净化。净化柱为内径 25 cm×1 cm 的玻璃柱，采用湿法装柱，依次装入玻璃棉、1 cm 高无水硫酸钠、1.5 cm 高硅胶、1 cm 高无水硫酸钠。样品上柱前，先用 5 mL 的正己烷和二氯甲烷混合液（V∶V=1∶1）冲洗净化柱；样品上柱后，用 10 mL 正己烷和二氯甲烷混合液（V∶V=1∶1）洗脱，弃去前 1 mL，收集洗脱液，旋转蒸发浓缩至近干，然后用正己烷定容至 1.5 mL，待上机测定。

测定：样品分析所用仪器为 Agilent 气相色谱-质谱联用仪（7890/5975，GC/MS），分析条件及程序如下。

色谱柱：HP-5 石英毛细柱（30 m×0.32 mm×0.25 μm）。

载气：He，纯度>99.999%，柱流量 1 mL/min。

进样口温度：290 ℃。

进样量：1 μL，不分流进样。

采用程序升温：初始温度 80 ℃，保持 2 min，然后以 6 ℃/min 速率升至 290 ℃，保持 5 min，至样品完全流出色谱柱。

测定模式：SIM 模式。

回收率：称取 10.0 g 左右清洁表层土壤样品于棕色玻璃瓶中，设空白样，添加已知浓度的 PAHs 标准溶液，摇匀，24 h 后，按照上述操作进行提取、纯化、测定。在计算回收率时扣除空白样中的 PAHs 含量。16 种 PAHs 的回收率为 74.52%~105.66%，符合微量有机污染物分析要求（表 2-3）。

表 2-3　16 种 PAHs 的回收率

PAHs	苯环数	目标离子	回收率/%	*RSD*/%
萘	2	202	75.80	1.93
苊	3	202	79.35	2.97
二氢苊	3	178	75.57	1.39
芴	3	178	85.74	2.09
菲	3	166	80.17	5.69

（续表）

PAHs	苯环数	目标离子	回收率/%	*RSD*/%
蒽	3	153	95.18	4.39
荧蒽	4	152	91.60	2.91
芘	4	128	91.36	2.21
苯并［a］蒽	4	228	89.11	5.66
䓛	4	228	82.86	5.28
苯并［b］荧蒽	5	252	85.94	5.88
苯并［k］荧蒽	5	252	105.66	5.21
苯并［a］芘	5	252	85.19	3.57
二苯并［a,h］蒽	5	278	74.52	2.73
苯并［g,h,i］苝	6	276	89.27	3.90
茚并［1,2,3-c,d］芘	6	276	74.82	17.81

2.1.2 土壤中 PAHs 含量、组成及分布特征

16 种 PAHs 分组见表 2-4。2~3 环多环芳烃包括萘、苊、二氢苊、芴、菲、蒽，4 环多环芳烃包括荧蒽、芘、苯并［a］蒽、䓛，5~6 环多环芳烃包括苯并［b］荧蒽、苯并［k］荧蒽、二苯并［a,h］蒽、苯并［a］芘、苯并［g,h,i］苝、茚并［1,2,3-c,d］芘。等效毒性量（TEQ）为每种污染物的等效毒性系数（TEF）与其浓度之积，计算公式如下：

$$\sum TEQ = \sum iC_i \times TEF_i \tag{2-1}$$

式中，i 为 PAHs 种类；C_i 为第 i 种 PAHs 在土壤中的含量；TEF_i 为第 i 种 PAHs 的等效毒性系数。

表 2-4　16 种 PAHs 的分组与等效毒性系数

PAHs	TEF[a]	ΣPAHs[b]	7 PAH[c]	8HMWPAH[d]	2~3 环	4 环	5~6 环
萘	0.001	×			×		
苊	0.001	×			×		
二氢苊	0.001	×			×		
芴	0.001	×			×		
菲	0.001	×			×		

（续表）

PAHs	TEF[a]	∑PAHs[b]	7 PAH[c]	8HMWPAH[d]	2~3环	4环	5~6环
蒽	0.01	×			×		
荧蒽	0.001	×				×	
芘	0.001	×				×	
苯并［a］蒽	0.1	×	×	×		×	
䓛	0.01	×	×	×		×	
苯并［b］荧蒽	0.1	×	×	×			×
苯并［k］荧蒽	0.1	×	×	×			×
二苯并［a,h］蒽	1	×	×	×			×
苯并［a］芘	1	×	×	×			×
苯并［g,h,i］苝	0.1	×		×			×
茚并［1,2,3-c,d］芘	0.01	×	×	×			×

注：[a]等效毒性系数；[b]16 种 PAHs 总量；[c]7 种致癌 PAHs 总量；[d]8 种高分子量 PAHs 总量。

2.1.2.1　土壤中 PAHs 含量

土壤中多环芳烃含量见表 2-5。由表 2-5 可以看出，研究区域表层土壤中 16 种 PAHs 的总含量为 181.1～2 176.0 μg/kg，平均为 359.8 μg/kg。其中，农村、郊区土壤中 PAHs 平均含量分别为 278.7 μg/kg、284.6 μg/kg，较珠江三角洲（224.2 μg/kg）和南京市（178.4 μg/kg）显著偏高（杨国义等，2007；Yin et al.，2008），但较波兰（435 μg/kg）和印度（1 906 μg/kg）明显偏低（Agarwal et al.，2009；Maliszewska-Kordybach et al.，2009）。城区土壤中总多环芳烃平均含量为 682.8 μg/kg，大大高于香港（169 μg/kg）（Zhang et al.，2006），但显著低于北京（366～27 825 μg/kg）、上海（3 279～38 868 μg/kg）以及德国拜罗伊特（3 400 μg/kg）（Tang et al.，2005；Liang et al.，2011；Krauss et al.，2003）。城区土壤中多环芳烃含量较农村、郊区土壤含量高，为后者的 2 倍多。沿农村—城区方向，土壤中多环芳烃含量明显升

表 2-5　不同区域土壤中 PAHs 含量

单位：μg/kg

PAHs	城区	郊区	农村	农田	林地	总计
萘	202.5 (63.0~504.0)	106.0 (39.0~165.0)	106.0 (16.5~171.0)	103.0 (16.5~165.0)	114.8 (82.5~171.0)	124.8 (16.5~504.0)
苊	7.8 (3.0~21.0)	3.2 (1.5~6.0)	3.0 (1.5~6.0)	3.0 (1.5~6.0)	3.3 (1.5~6.0)	4.0 (1.5~21.0)
二氢苊	9.7 (1.5~33.0)	3.5 (1.5~6.0)	4.0 (1.5~6.0)	3.5 (1.5~6.0)	4.6 (1.5~6.0)	4.9 (1.5~33.0)
芴	21.9 (10.5~51.0)	11.6 (9.0~18.0)	12.6 (9.0~18.0)	12.0 (9.0~18.0)	12.7 (9.0~18.0)	14.1 (9.0~51.0)
菲	128.9 (46.5~427.5)	53.7 (42.0~79.5)	54.6 (45.0~70.5)	53.4 (42.0~79.5)	56.5 (42.0~70.5)	68.7 (42.0~427.5)
蒽	11.4 (4.5~40.5)	4.7 (3.0~9.0)	4.8 (4.5~6.0)	4.7 (3.0~9.0)	4.9 (3.0~6.0)	6.1 (3.0~40.5)
荧蒽	59.9 (19.5~220.5)	24.2 (18.0~42.0)	22.4 (19.5~28.5)	23.3 (18.0~42.0)	22.9 (19.5~25.5)	30.4 (18.0~220.5)
芘	61.0 (36.0~171.0)	34.7 (28.5~57.0)	32.7 (28.5~40.5)	33.9 (28.5~57.0)	33.1 (28.5~37.5)	39.0 (28.5~171.0)
苯并 [a] 蒽	16.2 (3.0~82.5)	3.5 (1.5~9.0)	3.0 (nd~6.0)	3.2 (nd~9.0)	3.2 (1.5~4.5)	5.8 (nd~82.5)
䓛	41.2 (6.0~214.5)	8.7 (4.5~19.5)	8.1 (6.0~13.5)	8.3 (4.5~19.5)	8.7 (4.5~13.5)	14.8 (4.5~214.5)

（续表）

PAHs	城区	郊区	农村	农田	林地	总计
苯并［b］荧蒽	33.1（4.5~174.0）	8.4（nd~27.0）	7.3（nd~12.0）	7.8（nd~27.0）	7.9（4.5~12.0）	12.8（nd~174.0）
苯并［k］荧蒽	8.3（nd~63.0）	0.4（nd~6.0）	0.2（nd~6.0）	0.3（nd~6.0）	0.4（nd~6.0）	1.9（nd~63.0）
二苯并［a，h］蒽	10.1（2.2~48.2）	2.8（nd~8.8）	2.6（nd~4.4）	2.6（nd~8.8）	2.8（nd~4.4）	4.1（nd~48.2）
苯并［a］芘	15.5（3.0~79.5）	3.9（1.5~10.5）	3.6（1.5~6.0）	3.7（1.5~10.5）	3.9（3.0~6.0）	6.0（1.5~79.5）
苯并［g，h，i］苝	29.8（6.9~155.3）	7.7（5.2~19.0）	6.8（3.5~10.4）	7.2（3.5~19.0）	7.4（5.2~10.4）	11.6（3.5~155.3）
茚并［1，2，3-c，d］芘	25.4（6.4~132.1）	7.6（4.3~17.0）	6.9（4.3~10.7）	7.1（4.3~17.0）	7.5（4.3~8.5）	10.8（4.3~132.1）
7PAH[a]	149.8（25.1~793.7）	35.4（14.0~91.8）	31.7（17.8~47.4）	33.1（14.0~91.8）	34.4（21.5~47.4）	56.1（14.0~793.7）
8HMPAH[b]	179.6（32.0~949.0）	43.1（19.1~110.8）	38.5（21.2~57.8）	40.3（19.1~110.8）	41.8（26.6~57.8）	67.8（19.1~949.0）
ΣPAHs[c]	682.8（258.5~2 176.0）	284.6（232.1~402.1）	278.7（181.1~375.5）	277.0（181.1~402.1）	294.5（232.2~375.5）	359.8（181.1~2 176.0）
采样数	16	31	35	49	17	82

注：[a]7种致癌PAHs总量；[b]8种高分子量PAHs总量；[c]16种PAHs总量。

高，但郊区和农村之间的差别并不大。

2.1.2.2　土壤中 PAHs 组成

研究区域内，萘含量最高，其次是菲。城区、郊区、农村土壤中萘与菲的总含量占 PAHs 总量的比例分别为 48.5%、56.1%和 57.6%，沿农村—城区方向，2~3 环、4 环、5~6 环以及总多环芳烃含量明显升高（表 2-5）。城区土壤中 7 种致癌 PAHs 以及 8 种高分子量 PAHs 含量较农村、郊区土壤高 4 倍多。因此城市化大大增加了土壤中多环芳烃的含量，尤其是高分子量 PAHs 的含量。

2.1.2.3　土壤中 PAHs 分布特征

2~3 环 PAHs 占 PAHs 总量的 50%以上（图 2-1），这一特征与北京、天津的分布模式完全不同，后者以高分子量 PAHs 为主。由于低分子量 PAHs 在环境中较易降解，因此，可以推测土壤环境中新近污染物以低分子量 PAHs 为主。土壤石油污染的特征之一是具有高浓度低分子量 PAHs，尤其是萘和菲，因此，这种污染分布模式可能和研究区域是石油石化产区有关。5~6 环 PAHs 在城区土

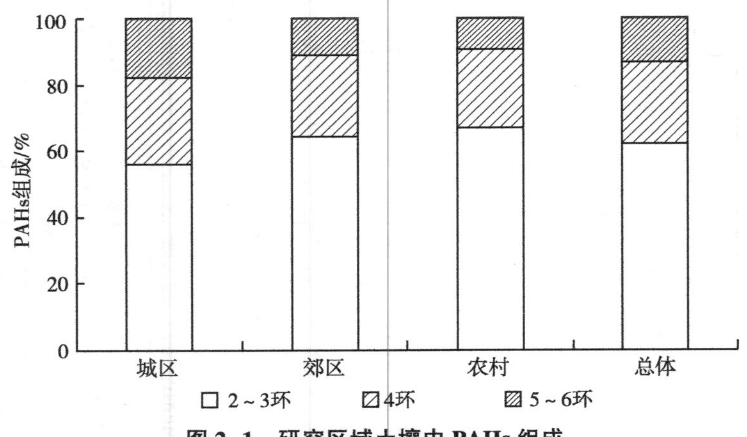

图 2-1　研究区域土壤中 PAHs 组成

壤中大量积聚可能是因为城区热裂解活动的增加，如化石燃料的燃烧等。

2.1.3　土壤主要属性与 PAHs 分布

影响污染土壤中有机污染物迁移、转化、积聚的因素很多。相关分析表明，低分子量 PAHs（萘、苊、二氢苊、芴）、∑PAHs 与土壤总有机质含量呈显著正相关。2~3 环、4 环（芴、䓛除外）、苯并［b］荧蒽、∑PAHs 与土壤总氮含量呈显著正相关。土壤 pH 与 PAHs 分布相关性较小（表 2-6）。2~3 环等低分子量 PAHs 容易挥发，易发生长距离运输，容易被土壤有机质吸附，因而土壤中低分子量 PAHs 与有机质含量呈正相关。相反高分子量 PAHs 较难挥发，其在土壤中易与土壤颗粒结合，因而与土壤有机质含量相关性较小。

表 2-6　主要土壤特性与土壤中 PAHs 含量相关分析

土壤特性	萘	苊	二氢苊	芴	菲	蒽	荧蒽	芘	苯并［a］蒽	苯并［b］荧蒽	∑PAHs
总有机质	0.393**	0.297**	0.223*	0.220*	0.188	0.161	0.181	0.192	0.152	0.143	0.235*
总氮	0.302**	0.278*	0.278*	0.209	0.229*	0.253*	0.272*	0.291**	0.225*	0.220*	0.268*
pH	0.043	−0.018	−0.075	0.011	−0.027	−0.047	−0.073	−0.108	−0.030	−0.029	−0.022

注：* $P<0.05$，** $P<0.01$。

城市化进程在增加土壤中 PAHs 积聚的同时，也增加了氮沉降。同时，也有试验表明，增加土壤中氮含量能够抑制土壤中有机污染物的消解。因此，土壤中氮含量的增加有利于 PAHs 的积聚。本研究中，土壤 pH 与 PAHs 相关性较小，主要是因为采集的土壤样品 pH 变化较小。

2.1.4　土壤中 PAHs 风险评价

农村、郊区、城区土壤苯并［a］芘等效毒性量（TEQ）分别为 8.34 μg/kg、9.19 μg/kg、35.22 μg/kg，依据荷兰土壤质量标准参考值（32.96 μg/kg），城区土壤超过了这一临界值，其所带来的生态毒理效应及对人身体健康的危害应引起关注。

Maliszewska-Kordybach（1996）将 PAHs 污染分为 4 类：未污染（<200 μg/kg）、轻度污染（200～600 μg/kg）、中度污染（600～1 000 μg/kg）、重度污染（>1 000 μg/kg）。按照这一标准，超过 90%的农村、郊区土壤样品以及 62.5%的城区土壤样品属轻度污染，6 个城区土壤样品达到了中度污染水平，3 个城区土壤样品达到了重度污染水平。因此，总的来看，研究区域表层土壤污染属于轻度污染，城区污染要明显高于郊区和农村，城区土壤生态风险及修复应引起重视。

2.2 土壤多氯联苯分布特征

多氯联苯（Polychlorinated Biphenyls，PCBs）是一类人工合成的具有重大生态环境危害的有机氯化合物，是《关于持久性有机污染物的斯德哥尔摩公约》中规定在世界各地禁止或限制使用的 12 种持久性有机污染物（POPs）之一。它是一系列氯代烃的总称，其结构就是两个苯环以碳碳键相连，氯原子取代任何几个或是所有碳原子，氯代可以发生在 10 个有编号位置的任何一个或多个，化学通式为 $C_{12}H_{(0\sim9)}Cl_{(1\sim10)}$。PCBs 共有 209 种同类物（图 2-2），一般根据氯原子的取代数和位置编号来命名。

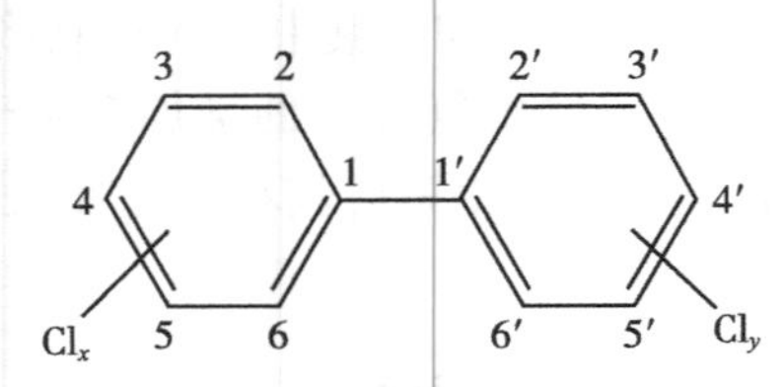

图 2-2　多氯联苯结构式

PCBs 有相似的化学结构和物理特征，无味、不可燃，具有高沸点和电绝缘性，化学性能稳定，形态从油状的液态到蜡状的固态均有，在工业和商业方面应用广泛。它们用途各有不同，有的用于开放系统中，如黏合剂、树脂、橡胶、织物和印刷品的添加剂等；有的用于封闭系统中，如电容器和变压器设备的绝缘油、液压系统的传压介质等。20 世纪 70 年代末许多国家纷纷停止生产，PCBs 已生产了近 70 年，全球总产量 1.3×10^{6} t，其中 86%北半球温带的工业区将其作为变压器油、传热剂、溶剂油等使用，如今绝大部分 PCBs 仍保持在北半球温带地区，除了极少部分通过长距离大气传输、原始扩散或空气-地表交换而迁移至其他地区。我国从 1965 年到 20 世纪 80 年代初期，共生产了上万吨 PCBs。20 世纪 50—70 年代我国先后从比利时、法国等国家进口大量装有 PCBs 的电力电容器，目前这些设备大部分已经报废，可是它们却成了我国 PCBs 污染的重要来源之一。研究发现，在工业发达的国家和地区有较高浓度的 PCBs，但是在不发达国家和地区甚至是遥远的海洋、大气、土壤中也发现了 PCBs。

PCBs 的来源则主要有以下 4 个方面：①含 PCBs 的废旧电力设备；②部分有机氯化学产品如涂料、农药、防火剂、黏合剂、印刷油墨、树脂、PVC、油漆等的生产和使用过程中作为副产品被释放到土壤环境中；③含氯有机化合物（如含氯的碳氢化合物、旧轮胎以及聚氯乙烯塑料）的焚烧；④大气沉降导致的土壤污染。石膏类建筑材料是城市土壤中 PCBs 的一种主要来源。

PCBs 作为典型的持久性有机污染物具备难降解性、生物毒性、生物蓄积性和远距离迁移性的特征，同时还是环境荷尔蒙物质。PCBs 的性质使得 PCBs 容易积聚于富含有机质的土壤和水系沉积物中。而土壤中 PCBs 通过挥发或与土壤尘粒一起再飘移，污染的土壤又可成为二次污染源。土壤中的 PCBs，通过食物链累积在生物体内，产生毒性，进而危害人类健康。虽然 PCBs 的急性毒性很低，但是如果长时间暴露在低剂量环境中，人类仍有可能产生氯痤疮、内分泌紊乱、其他缺乏或增生反应、生殖系统中毒、肝中等。在工业发达国家 PCBs 污染成为社会公害，如 1968 年发生在日本北部九州县的米糠油事件，在这次事件中共有 1 600人因误食被 PCBs 污染的米糠油而中毒，造成了 22 人死亡。自此，该类化合物对人类的巨大危害性，才逐渐引起各国的重视。

PCBs 分布极为广泛，关于 PCBs 在土壤中的污染情况国内外都有很多的报道。关于 PCBs 在土壤中的污染情况（表 2-7），研究表明，在河水、海水、水生物、土壤、大气、野生动植物以及人乳、脂肪，甚至在南极的企鹅、北冰洋的鲸体内，都发现了 PCBs 的踪迹。

表 2-7 不同区域土壤中 PCBs 污染含量

区域	PCBs 种类	平均含量/(μg/kg)	浓度范围/(μg/kg)	土壤类型
中国				
黄河三角洲	12	—	0.109~2.15	表层土壤
大连	57	2.8	1.3~4.8	农村及城市土壤
贵州	7	—	8.9~55.9	水稻田
江苏	13	4.13	nd~32.8	农田
东南沿海	55	788	—	工业污染区土壤
香港	7	2.45	0.07~9.87	不同功能区土壤
美国				
南加州	20	—	4.6~8.2	农田
德国	6	—	0.95~3.84	农田
南非	38	—	1~10	居民区及农田
瑞典	13	4.4	0.55~55.00	农田与自然土壤
日本	41	—	0.025~0.69	居民区与工业区土壤
法国	22	40	0.13~342.00	工业区等土壤
西班牙	7	3.2	0.66~12.00	不同功能区土壤

注：nd 为土壤 PCBs 含量在检测限以下；数据引自陈爱萍（2011）。

2.2.1　土壤 PCBs 分析测定方法

2.2.1.1　土壤样品采集与处理

土壤样品采集与处理同多环芳烃 2.1.1.1 部分。

2.2.1.2　实验室分析

提取：准确称取 10.0 g 待测土壤样品，与 3.0 g 石英砂混匀后，置于 20 mL 提取池中，采用快速溶剂萃取仪进行提取。提取温度 100 ℃，压力 1.2×10^7 Pa，提取时间为 10 min，利用体积比为 1∶1 的正己烷和丙酮混合溶液循环提取 2 次，在 30 ℃下用旋转蒸发仪将抽提液浓缩至 1 mL 左右，进行净化、测定。

净化：首先将浓缩后的提取液用 98%浓硫酸净化，再用硅胶层析柱分离净化。净化柱为内径 25 cm×1 cm 的玻璃柱，采用湿法装柱，依次装入玻璃棉、1 cm 高无水硫酸钠、1.5 cm 高硅胶、1 cm 高无水硫酸钠。样品上柱前，先用 5 mL 的正己烷冲洗净化柱；样品上柱后，用 10 mL 正己烷洗脱，收集洗脱液，旋转蒸发浓缩至近干，然后用正己烷定容至 1.0 mL，待上机测定。

测定：所用仪器为 Agilent 7890 GC-μECD，具体参数如下。

色谱柱：HP-5（30 m×0.25 mm×0.25 μm）。

载气：N_2，纯度>99.999%，柱流量 2 mL/min。

进样口温度：220 ℃。

检测器温度：280 ℃。

进样量：1 μL，采用不分流进样。

升温程序：初始温度 60 ℃，保持 1 min，然后以 20 ℃/min 速率升至 140 ℃，再以 12 ℃/min 速率升至 260 ℃，保持 3 min，至样品完全流出色谱柱。

7 种 PCBs 的色谱见图 2-3。

回收率：称取 10.0 g 清洁表层土壤样品于棕色玻璃瓶中，设

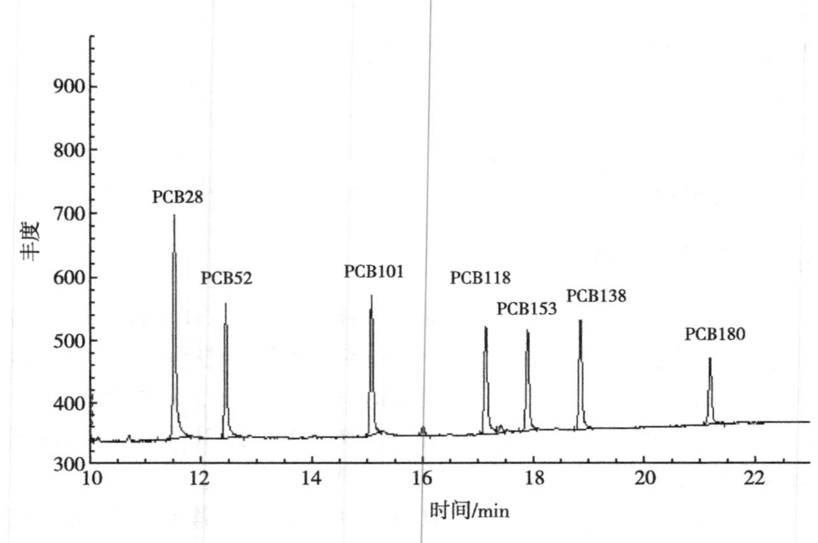

图 2-3　7 种 PCBs 的色谱

空白样，添加已知浓度的 PCBs 标准溶液，摇匀，24 h 后，按照上述操作进行提取、纯化、测定。在计算回收率时扣除空白样中 PCBs 含量。7 种 PCBs 的回收率为 73.2%～96.3%，符合微量有机污染物分析要求（表 2-8）。

表 2-8　7 种 PCBs 的回收率

PCBs 种类	氯原子数	回收率/%	*RSD*/%
28	3	86.50	3.9
52	4	96.32	4.9
101	5	73.24	5.3
118	5	82.14	9.0
138	6	78.02	6.1
153	6	77.28	7.3
180	7	81.40	10.5

2.2.2　土壤中 PCBs 含量、组成及分布特征

7 种 PCBs（IUPAC no. 28、52、101、118、138、153、180）常用来评价土壤 PCBs 污染状况。其中 PCB28 含有 3 个氯原子，PCB52 含有 4 个氯原子，PCB101、PCB118 均含有 5 个氯原子，PCB138、PCB153 均含有 6 个氯原子，PCB180 含有 7 个氯原子。

2.2.2.1　土壤中 PCBs 含量

7 种 PCBs 总含量为 nd～87.0 μg/kg，平均值为 2.6 μg/kg（表 2-9）。研究区域土壤含量与大连（2.8 μg/kg）、香港（2.45 μg/kg）相当（Wang et al.，2008；Zhang et al.，2007），但是较长江三角洲显著偏低（9.4 μg/kg）（Zhang et al.，2011）。较中国台湾工业区（94.9 μg/kg）、法国塞纳河工业区（73.9 μg/kg）大大降低（Thao et al.，1993；Motelay-Massei et al.，2004）。

表 2-9　研究区域土壤中 PCBs 同类物浓度、总残留量和检出率

地点	项目	PCB28	PCB52	PCB101	PCB118	PCB138	PCB153	PCB180	ΣPCBs
农田	平均/(μg/kg)	0.03	0.01	3.17	0.98	0.21	0.04	0.03	4.4634
	范围/(μg/kg)	nd～1.2	nd～0.69	nd～143	nd～19.7	nd～2.3	nd～1.7	nd～1.4	nd～145
	检出率	0.02	0.02	0.06	0.45	0.37	0.02	0.02	0.71
林地	平均/(μg/kg)	nd	nd	1.59	0.21	0.33	nd	nd	2.13
	范围/(μg/kg)	nd	nd	nd～10.0	nd	nd～1.09	nd～2.3	nd	nd～10.5
	检出率	0.00	0.00	0.18	0.35	0.35	0.00	0.00	0.63

（续表）

地点	项目	PCB28	PCB52	PCB101	PCB118	PCB138	PCB153	PCB180	ΣPCBs
城区	平均/（μg/kg）	nd	nd	5.42	0.20	0.29	nd	0.33	6.23
	范围/（μg/kg）	nd	nd	nd~86.7	nd~1.3	nd~1.7	nd	nd~3.01	nd~87.0
	检出率	0.00	0.00	0.06	0.31	0.31	0.00	0.13	0.63
郊区	平均/（μg/kg）	0.04	0.02	4.90	0.99	0.29	0.06	0.04	6.3
	范围/（μg/kg）	nd~1.22	nd~0.69	nd~143	nd~19.7	nd~2.06	nd~1.74	nd~1.38	nd~145
	检出率	0.03	0.03	0.06	0.45	0.35	0.03	0.03	0.68
农村	平均/（μg/kg）	nd	nd	0.88	0.59	0.20	nd	nd	1.67
	范围/（μg/kg）	nd	nd	nd~10.5	nd	nd~2.6	nd~2.3	nd	nd~13.1
	检出率	0.00	0.00	0.11	0.54	0.37	0.00	0.00	0.69
总样品	平均/（μg/kg）	0.01	0.01	3.28	0.67	0.25	0.01	0.01	2.6
	范围/（μg/kg）	nd~1.22	nd~0.69	nd~143	nd~19.7	nd~2.3	nd~1.7	nd~3.0	nd~87.0
	检出率	0.01	0.01	0.09	0.01	0.50	0.35	0.04	0.71

注：nd 为土壤 PCBs 含量在检测限以下。

2.2.2.2 土壤中 PCBs 组成

研究区域土壤中检出率最高的为 PCB118，其检出率为 47.6%，其次为 PCB138，检出率为 35.4%，其他 5 种 PCB 检出率都在 10%以内。在含量组成上，含量最高的是 PCB101，占总量的 59.9%，其次是 PCB118，约占总量的 25.6%（图 2-4）。

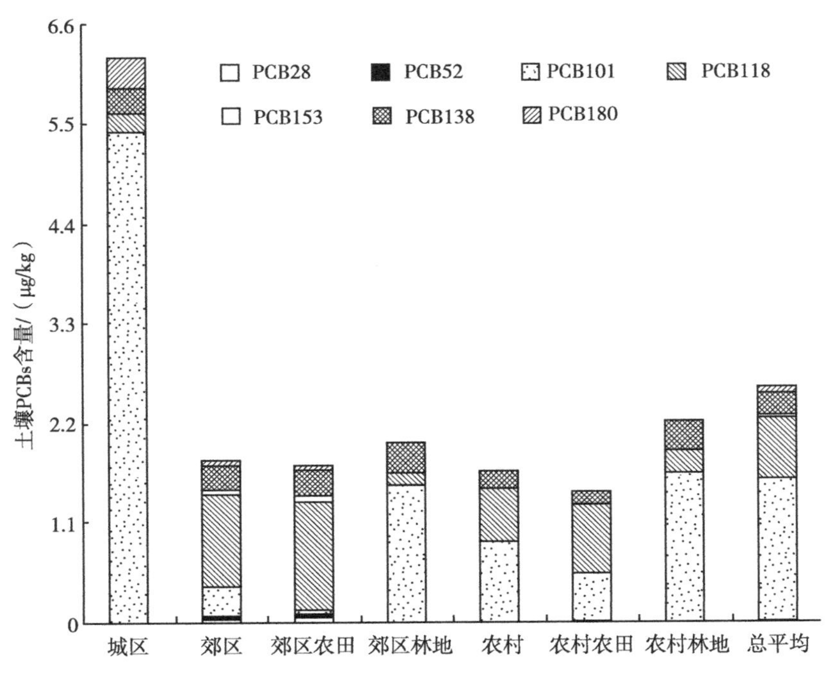

图 2-4　研究区域土壤中 PCBs 含量与组成分布

2. 2. 2. 3　土壤中 PCBs 分布特征

研究区域土壤中 PCBs 分布模式与香港、长江三角洲明显不同，香港主要为低氯代的 PCBs（≤tetra-CBs），长江三角洲主要为 PCB118。这种不同的 PCBs 分布模式可能与地区的产业结构有关。农村土壤中主要以低氯代的 PCBs（≤Tri-CBs）为主，但本研究中并没有出现这种规律，可能是本研究与大尺度研究相比，农村区域离城区较近的原因。

城区土壤中 PCBs 总含量较农村明显偏高，PCB180、PCB101 在城区土壤中亦较农村高，但 PCB118、PCB138 含量在城区明显较郊区、农村低。PCB118 属单邻位 PCB，具有与二噁英类似结构，是世界卫生组织确定的 12 个具致变活性的 PCBs 之一。PCB118 的一个可能源为垃圾填埋，而这些场所多位于郊区及农村，这可能是 PCB118 分布的诱因之一。

土壤中 PCBs 含量林地土壤明显要高于农田土壤，农田土壤以 PCB118 为主，而林地则以 PCB101 为主。农田土壤 PCB118 含量升高的原因可能和城市堆肥的施用有关，需进一步研究证实。

与 PAHs 不同，土壤 PCBs 含量与土壤有机质、总氮等特性相关性不显著。

2.2.3 土壤中 PCBs 风险评价

根据荷兰土壤质量标准，除 PCB118 外，6 种 PCBs 在土壤中的含量目标值为 20 μg/kg，研究区域 98.9%的土壤样品都低于这一数值。依据加拿大土壤质量标准，农田、住宅及公园用地土壤 PCBs 干预值分别为 500 μg/kg、1 300 μg/kg，研究区域土壤 PCBs 含量远低于这一数值。PCB118 具有单邻位结构，属二噁英类的 PCBs，土壤 PCBs 污染总量相当于 PCB118 等效毒性量值为 0.02×10^{-3} μg/kg，远远低于荷兰土壤干预值（0.18 μg/kg）。因此，研究区域土壤 PCBs 污染很轻，但 PCB118 在研究区域内，其检出率高且相对含量较高，由此而导致的生态环境风险需引起重视。

2.3 土壤有机氯农药分布特征

有机氯农药（Organic Chlorined Pesticides，OCPs）是一类对环境构成严重威胁的人工合成环境激素，曾经是最主要的农药品种，典型有机氯农药品种及结构见图 2-5。作为杀虫剂的氯丹、七氯、艾氏剂、狄氏剂、异狄氏剂等属于以环戊二烯为原料的有机氯农药；而以苯为原料的有机氯农药包括杀虫剂六六六（HCHs）和滴滴涕（DDTs）以及它们的同系物。

Muller 在 1939 年发现有机氯农药具有高效杀虫力，为此 Muller

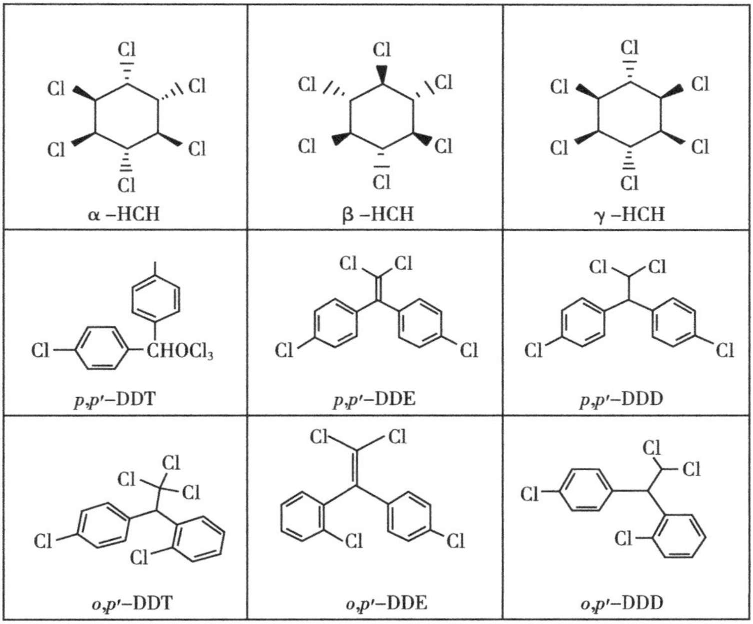

图 2-5　典型有机氯农药 HCHs 和 DDTs 结构

还获得了诺贝尔奖。之后，OCPs 在全球范围内得到了广泛的使用，是历史上最早大规模使用的高残毒农药。其高效杀虫力曾经为世界人口增长和粮食生产做出过重大贡献。但其在带来巨大经济收益的同时，也对大气、土壤、水体及生物圈造成了污染。直到 20 世纪 60 年代，人们才发现部分 OCPs 在环境中具有高残留、高富集、对生物体毒性强等特性，是典型化学性质稳定的持久性污染物（POPs）。因而从 20 世纪 70 年代开始，发达国家相继禁止 HCHs 和 DDTs 在农业上的使用。OCPs 自 20 世纪 60 年代开始在我国大量使用，20 世纪 80 年代中期禁止生产。OCPs 特殊的物理化学性质决定其难以被化学和生物降解，在土壤中，其半衰期可达几年甚至十几年，因此，尽管已经停用多年，OCPs 至今在土壤中仍有不同程度残留。不同地区土壤中的DDTs、HCHs残留见表2-10。

表2-10 土壤中OCPs含量 单位：μg/kg

区域	DDTs		HCHs		土地利用类型
	均值	范围	均值	范围	
中国					
广东	10.18	nd~157.75	5.90	nd~104.38	农田
南京	64.10	6.30~1 050.70	13.60	2.70~130.60	农田
江苏南部	31.30	11.20~61.70	19.80	13.80~26.10	工业土壤
香港	0.52	nd~5.70	6.19	2.50~11.00	不同功能区土壤
天津	56.01	0.07~972.24	45.80	1.30~1 094.60	农田
黄淮海地区	11.16	nd~126.37	4.01	0.53~13.94	农田
浙江北部	44.68	1.50~362.84	1.73	0.20~20.10	农田
北京	77.2 0	1.40~5 910.80	1.50	0.60~32.30	农田
银川	2.24	0.28~1 068.40	0.85	0.31~74.22	不同功能区土壤
湖南	23.80	10.50~40.40	18.20	1.70~25.30	稻田
安徽	49.80	nd~1 360.00	—	—	农田
珠江三角洲	4.05	0.16~32.80	—	—	农田
辽宁	22.00	6.00~51.00	7.00	3.00~16.00	绿色食品基地
吉林	3.00	nd~69.40	2.00	0.50~13.50	商品粮基地
罗马尼亚	—	35.50~42.90	—	0.90~1.70	农田
美国					
南佛罗里达州	—	0.11~44.80	—	<0.10~0.54	农田
巴西	—	0.12~11.01	—	0.05~0.92	农田
德国	—	23.70~173.00	—	5.25~10.00	农田
波兰	260.00	4.30~2 400.00	1.0	0.36~11.01	农田

注：nd表示土壤OCPs含量在检测限以下；数据引自陈爱萍（2011）。

2.3.1　土壤 OCPs 分析测定方法

2.3.1.1　土壤样品采集与处理

土壤样品采集与处理同多环芳烃 2.1.1.1 部分。

2.3.1.2　实验室分析

提取：提取方法同 PCBs。

净化：净化方法与 PCBs 净化方法略有差别，样品上柱后，用体积比为 9∶1 正己烷和丙酮混合液洗脱。

测定：所用仪器为 Agilent 气相色谱-质谱联用仪（6890/5975，GC/MS)，具体参数如下。

色谱柱：HP-5（30 m×0.25 mm×0.25 μm）。

载气：He，纯度>99.999%，柱流量 1 mL/min。

进样口温度：220 ℃。

检测器温度：280 ℃。

进样量：1 μL，采用不分流进样。

升温程序：初始温度 60 ℃，保持 1 min，然后以 20 ℃/min 速率升至 140 ℃，再以 12 ℃/min 速率升至 260 ℃，保持 3 min，至样品完全流出色谱柱。

OCPs 总离子流见图 2-6。

回收率：称取 10.0 g 左右清洁表层土壤样品于棕色玻璃瓶中，设空白样，添加已知浓度的 OCPs 标准溶液，摇匀，24 h 后，进行提取、提纯、测定。在计算回收率时扣除空白样中 OCPs 的含量，结果见表 2-11。此方法的回收率为 85.5%~115.3%，分析结果满足环境样品分析要求。

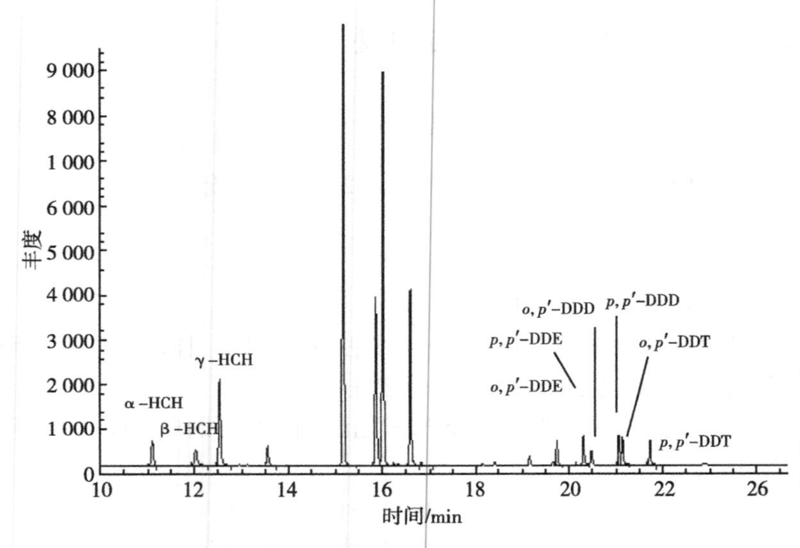

图 2-6　土壤中 OCPs 总离子流

表 2-11　土壤中 OCPs 分析测定回收率　　单位：%

OCPs	回收率	*RSD*
α-HCH	85.50	4.36
β-HCH	86.96	2.91
γ-HCH	87.60	3.48
o，*p*′-DDE	89.24	3.77
p，*p*′-DDE	88.66	4.56
o，*p*′-DDD	86.75	7.00
p，*p*′-DDD	115.33	6.08
o，*p*′-DDT	110.02	2.94
p，*p*′-DDT	108.81	5.16

2.3.2　土壤中 OCPs 含量、组成及分布特征

2001 年,《关于持久性有机污染物的斯德哥尔摩公约》中首批控制的 12 种 POPs 中就有 9 种为有机氯农药，包括 DDTs、艾氏剂、氯丹、狄氏剂和六氯苯等，它们是许多国家尤其是发达国家环保监测的重点对象。HCHs 虽未被列入，但为可疑致癌物，属于美国环境保护局确定的 129 种优先控制污染物之一。我国从 1983 年开始逐步禁用 OCPs，经过几十年的自然降解，OCPs 在土壤环境、水环境、农产品中仍有大量检出。同时，国外也有大量的研究表明，不同区域土壤中有不同程度的 OCPs 残留。OCPs 在土壤等介质中的残留对生态环境、农产品安全、人类健康等带来潜在的威胁，其相关的监测、控制及修复研究越来越引起人们的重视。

2.3.2.1　土壤中 OCPs 含量

研究区域土壤中 OCPs 污染残留状况见表 2-12 和表 2-13。结果显示，所有检测的 9 种 OCPs，在滨州市都有不同程度的检出，但残留量与检出率都有较大差异。

表 2-12　研究区域土壤中不同 DDTs 残留浓度和检出率

地点	项目	*o*, *p*′-DDE	*p*, *p*′-DDE	*o*, *p*′-DDD	*p*, *p*′-DDD	*o*, *p*′-DDT	*p*, *p*′-DDT	DDTs
农田	平均/(μg/kg)	8.58	149.2	5.81	2.83	6.37	11.60	184.10
	范围/(μg/kg)	nd~226	nd~2 427	nd~242	nd~69.8	nd~85.1	0.26~123.30	10.9~2 628
	检出率/%	44.9	98.0	28.6	77.6	87.8	98.0	100.0
林地	平均/(μg/kg)	6.20	315.95	0.50	1.42	5.92	12.54	342.44
	范围/(μg/kg)	nd~32.8	4.10~3 597	nd~5.29	nd~14.28	nd~60.8	nd~113.6	4.10~3 819
	检出率/%	50.0	100.0	12.5	75.0	93.8	100.0	100.0

（续表）

地点	项目	o，p′-DDE	p，p′-DDE	o，p′-DDD	p，p′-DDD	o，p′-DDT	p，p′-DDT	DDTs
城市	平均/(μg/kg)	11.69	31.31	9.36	2.84	3.40	5.21	63.81
	范围/(μg/kg)	nd~148	3.06~143	nd~138	nd~37.3	nd~41.9	0.22~25.36	3.34~533
	检出率/%	25.0	100.0	37.5	75.0	75.0	100.0	100.0
农村	平均/(μg/kg)	5.87	283	0.19	2.01	7.40	16.37	315.65
	范围/(μg/kg)	nd~42.3	nd~3 597	nd~4.50	nd~20.00	nd~69.80	nd~123	4.10~3 818
	检出率/%	51.4	97.1	8.6	77.1	85.7	94.3	100.0
郊区	平均/(μg/kg)	10.63	80.33	9.22	2.98	5.11	6.76	114.63
	范围/(μg/kg)	nd~226	2.03~707	nd~242	nd~69.8	nd~85	0.23~48.30	3.52~1 018
	检出率/%	45.2	100.0	45.1	77.4	90.3	100.0	100.0
总样品	平均/(μg/kg)	8.80	157.65	5.28	2.48	5.75	10.56	190.52
	范围/(μg/kg)	nd~226.44	nd~3 597	nd~242	nd~69.8	nd~85.12	nd~123	3.34~3 819
	检出率/%	42.7	98.8	28.0	76.8	96.3	97.6	100.0

注：nd 表示土壤 DDTs 含量在检测限以下。DDTs 含量为 DDE、DDD 和 DDT 含量之和。

DDTs 及其降解产物、HCHs 及其异构体的检出率较高，在研究区域达到了 100%，但是 α-HCH、β-HCH 这 2 种同系物的检出率很低，分别为 4.9%、3.6%，82 个土壤样品中只分别有 4 个、3 个样品中有检测出，且含量很低。γ-HCH 的检出率最高，达 52.4%。DDTs 及其降解产物的检出率则普遍较大。研究区域土壤中 OCPs（DDTs+HCHs）残留总量范围在 3.5~3 824 μg/kg，采样点平均残留浓度为 195.1 μg/kg。其中 DDTs 占了总量的 97.7%，在 DDT 异构体及其代谢产物中以 *p*，*p*′-DDE 为主。

表 2-13　研究区域土壤中不同 HCHs 残留浓度和检出率

HCHs	项目	农田	林地	城区	农村	郊区	总样品
α-HCH	平均/(μg/kg)	0.07	nd	0.14	nd	0.11	0.07
	范围/(μg/kg)	nd~3.30	nd	nd~1.92	nd	nd~3.32	nd~3.31
	检出率/%	6.12	0.00	18.81	0.00	9.70	4.90
β-HCH	平均/(μg/kg)	0.41	0.01	0.70	0.06	0.52	0.33
	范围/(μg/kg)	nd~15.71	nd~0.05	nd~10.52	nd~1.14	nd~15.70	nd~15.71
	检出率/%	30.61	0.00	12.52	22.91	32.32	3.73
γ-HCH	平均/(μg/kg)	0.27	0.15	0.85	0.09	0.40	0.36
	范围/(μg/kg)	nd~6.41	nd~0.52	nd~6.21	nd~0.62	nd~6.41	nd~6.41
	检出率%	46.92	56.34	56.32	45.72	54.81	52.42
HCHs	平均/(μg/kg)	0.73	0.16	1.64	0.15	1.03	0.76
	范围/(μg/kg)	nd~25.42	nd~0.51	nd~16.82	nd~1.11	nd~25.42	nd~25.41
	检出率/%	67.30	56.31	68.82	62.91	74.22	56.10

注：nd 表示未检出；HCHs 含量为 α-HCH、β-HCH 和 γ-HCH 含量之和。

2.3.2.2　土壤中 OCPs 分布特征

DDTs 总浓度为 3.3~3 819 μg/kg，平均为 190.52 μg/kg，大大高于长江三角洲（35.3 μg/kg）和珠江三角洲（37.6 μg/kg）(李清波，2004；Fu et al.，2003)，这主要和地区的产业结构及有机氯农药的施用历史有关，黄河三角洲是典型的农业区域，棉花等农药施用量大的农作物分布广泛，有机氯杀虫剂 DDT 施用量较大。

沿农村—城区梯度，DDTs 含量明显降低，农村土壤 DDTs 含量约为城区的 5 倍，这说明土壤中 DDTs 的残留主要由农业活动引起。

6 种 DDTs 同系物的检出率为 28.1%~98.8%，*p*，*p*′-DDE 检出率最高，达 98.8%，*o*，*p*′-DDD 最低，为 28.0%。同时，

p, p'-DDE含量最高，占总量的82.7%，其次为p, p'-DDT，达5.5%，p, p'-DDD含量最低，为1.3%。沿农村—城区梯度，o,p'-DDTs（o,p'-DDT、o,p'-DDE、o,p'-DDD）所占比例明显下降（4.3%~38.3%），因此，包含o,p'-DDTs的农药产品，如三氯杀螨醇在城区、郊区施用量比农村要高。在有氧条件下，DDT降解为DDE，进一步为DDD；在无氧条件下，DDT降解为DDD。本研究中，DDE ：DDT（10.05）> DDD ：DDT（0.38）> DDD ：DDE（0.10），因此，DDT有氧降解为DDE是主要降解路线。

研究区域内HCHs残留总量范围在nd~25.41 μg/kg，平均浓度为0.76 μg/kg。土壤HCHs残留量较长江三角洲（3.23 μg/kg）、香港（6.19 μg/kg）显著偏低，这可能与不同地区农作物种植结构存在较大差异，农药差别使用有关。HCHs的3种异构体中，γ-HCH检出率最高，约占总量的47.4%。

相关分析表明，土壤有机质和总氮与土壤中DDTs、HCHs残留量相关性不显著。

2.3.3 土壤中OCPs风险分析

根据国家标准GB 15618—2018，土壤DDTs或HCHs污染分为无污染（< 50 μg/kg）、轻度污染（50 ~ 500 μg/kg）、中度污染（500~1 000 μg/kg）、重度污染（> 1 000 μg/kg）。研究区域90%以上土壤DDTs含量属于轻度污染，其中5个农村土壤样品、2个郊区土壤样品和1个城区土壤样品达到了中度污染的水平；2个农村土壤样品和1个郊区土壤样品达到了重度污染的水平。依据荷兰土壤污染标准，土壤DDTs大大高于其修复目标值（10 μg/kg），但远低于其干预值（4 000 μg/kg）。依据加拿大土壤质量标准，有8.6%的农村土壤样品和6.5%的郊区土壤样品超过了其标准值（700 μg/kg）。总的来看，研究区域土壤DDTs残留属轻度污染水平。

研究区HCHs含量全部低于一级土壤标准HCHs的平均浓度

（<50 μg/kg）。除了个别农田里的 HCHs 高于 10 μg/kg 外，其他的都在修复目标值（10 μg/kg）之下，所以研究区 HCHs 污染水平较低。

2.4　土壤重金属分布特征

几十年来，我国土壤重金属污染的总体状况不容乐观。一方面，土壤环境的背景值高；另一方面，工业、采矿活动以及农业生产带来了不同程度的土壤重金属污染。重金属作为一种有害物质，进入土壤后会进行累积，并通过作物吸收、扬尘、径流等途径影响农产品、大气及水体质量与安全，进而影响人们的健康。工业废物和交通废气的排放、化肥和农药的不合理使用以及固体废物的处置等均会加剧土壤重金属污染。黄河三角洲人为活动带来的土壤环境负担呈加重趋势，研究该地区土壤重金属分布状况对于保障区域生态环境和农产品质量安全具有重要意义。

2.4.1　土壤样品采集

在黄河三角洲腹地无棣县、沾化区农田林地采样，分析表层（0~20 cm）土壤中 Co、Ni、Cu、Zn、Cd 和 Pb 的分布状况。共采集土壤样品 17 个，每个采样点采用 5 点混合采样方法，采集结束，将土样置 PE 袋中密闭低温（-4 ℃）保存。

2.4.2　土壤重金属分析方法

将采集的土壤样品进行冷冻真空干燥后，研磨并过 0.5 mm 筛，取样品 0.5 g 加入 HNO_3-HCl-HF 进行微波消解。消解结束置于电热板上加热、排酸，添加 5% HNO_3 对样品进行稀释，利用电感耦合等离子体质谱仪（ICP-MS）测定土壤重金属 Co、Ni、Cu、Zn、Cd 和 Pb 的浓度。

每批实验设置 1 个程序空白和 3 个空白样品，参照样品

（ERM-S-510204）6 种重金属回收率均在 75%以上。

2.4.3 土壤重金属分布状况

不同土壤样品中重金属含量见表 2-14。土壤 Co、Ni、Cu、Zn、Cd 和 Pb 含量分别为（27.6±6.0）mg/kg、（57.9±12.8）mg/kg、（67.1±10.3）mg/kg、（102.6±23.4）mg/kg、（0.24±0.07）mg/kg、（25.1±5.9）mg/kg，其中，锌的含量最高，其次是 Cu 和 Ni，Cd 含量比其他元素低 2~3 个数量级。所有采样点 Co、Ni 和 Cu 的含量都高于该地区土壤背景值，Zn、Cd 和 Pb 分别有 16 个、15 个和 10 个采样点的含量高于土壤背景值，这表明该地区存在重金属的外源输入问题。10 年前 Co、Ni、Cu、Zn、Cd、Pb 含量的平均值分别为 12.17 mg/kg、30.28 mg/kg、23.31 mg/kg、68.36 mg/kg、0.16 mg/kg、22.79 mg/kg，由表 2-14 可以看出，近 10 年研究区域土壤重金属含量呈上升趋势。

表 2-14　滨州市冬枣种植基地土壤重金属含量　单位：mg/kg

采样点	Co	Ni	Cu	Zn	Cd	Pb
J1	31.1	66.4	71.7	106.9	0.27	29.8
J2	20.4	34.2	56.2	73.9	0.18	17.7
J3	35.5	65.2	69.1	126.1	0.38	31.6
J4	38.6	81.1	70.0	130.6	0.33	32.5
J5	39.1	83.4	76.2	139.4	0.34	35.0
J6	30.0	62.4	53.6	96.4	0.27	30.5
J7	29.6	63.4	71.2	97.4	0.27	28.8
J8	27.4	57.8	50.2	85.1	0.23	26.4
J9	28.3	57.9	68.7	111.6	0.23	28.4
J10	26.5	62.4	59.7	99.6	0.18	20.7
J11	26.6	56.7	62.9	83.7	0.13	19.7
J12	22.6	50.0	96.4	101.1	0.22	20.2

（续表）

采样点	Co	Ni	Cu	Zn	Cd	Pb
J13	20.5	45.8	72.5	143.0	0.25	19.5
J14	19.7	44.3	68.1	69.9	0.13	16.2
J15	26.4	49.9	62.3	120.4	0.21	22.2
J16	25.9	60.5	65.6	90.8	0.23	27.4
J17	21.2	43.3	66.7	67.5	0.16	19.8
背景值[a]	12.2	29.5	23.8	69.1	0.15	22.1
风险筛选值	—	190	200	300	0.6	170

注：[a]引自庞绪贵等（2019）。

此外，不同采样点土壤重金属含量存在较大差异，表明研究区域农业生产管理方式如肥料、农药施用等存在较大差异。土壤中Ni、Cu、Zn、Cd和Pb的浓度均低于我国农田土壤相关风险筛选值（GB 15618—2018）（不包括Co），说明该区域土壤生产环境是安全的。

进一步利用内梅罗综合污染指数（P）对土壤重金属分布状况进行评价。内梅罗综合污染指数是目前广泛应用的评价土壤重金属污染的方法，其通过单因素污染指数（P_i）来计算各种污染物的综合污染指数，综合评价所有污染物的污染程度。其中，采样点j的P_i可用公式来描述：

$$P_{ij}=C_{ij}/C_{is} \tag{2-2}$$

式中，P_{ij}是采样点j中元素i的单一污染指数P_i；C_{ij}是采样点j中元素i的浓度；C_{is}是我国农用土壤中元素i的风险筛选值。

内梅罗综合污染指数可用以下公式来表示：

$$P_j=\sqrt{0.5\times(P_{j\max}{}^2+P_{jav}{}^2)} \tag{2-3}$$

式中，P_j是采样点j的内梅罗综合污染指数；$P_{j\max}$是采样点j所有元素单一污染指标的最大值；P_{jav}是采样点j所有元素单一污染指标的平均值。

内梅罗综合污染指数(P)的评价标准见表 2-15。

表 2-15　重金属元素的内梅罗综合污染指数和地质累积指数的污染等级划分

等级	P	污染程度	等级	I_{geo}	污染程度
Ⅰ	≤0.7	无污染	Ⅰ	≤0	无污染
Ⅱ	0.7~1.0	轻微污染	Ⅱ	0~1	轻微污染
Ⅲ	1~2	中度污染	Ⅲ	1~2	中度污染
Ⅳ	2~3	强污染	Ⅳ	2~3	中强污染
Ⅴ	>3	较强污染	Ⅴ	3~4	强污染
			Ⅵ	4~5	较强污染
			Ⅶ	>5	极强污染

结果表明，17 个采样点该指数 P 的取值范围为 0.27~0.53，平均值为 0.37，显著低于 0.7，表明土壤中重金属含量处于无污染水平（表 2-16）。

表 2-16　土壤重金属污染的内梅罗综合污染指数

采样点	P	污染程度	采样点	P	污染程度
J1	0.40	无污染	J10	0.31	无污染
J2	0.27	无污染	J11	0.28	无污染
J3	0.53	无污染	J12	0.41	无污染
J4	0.48	无污染	J13	0.41	无污染
J5	0.49	无污染	J14	0.29	无污染
J6	0.39	无污染	J15	0.35	无污染
J7	0.39	无污染	J16	0.35	无污染
J8	0.34	无污染	J17	0.29	无污染
J9	0.36	无污染			

地质累积指数（I_{geo}）被广泛用于土壤重金属的污染评价，可

用如下公式来表示：

$$I_{geo}=\log_2\left(\frac{C_i}{1.5\times B_i}\right) \tag{2-4}$$

式中，C_i是重金属 i 的浓度；B_i是重金属 i 的参考浓度。

根据 I_{geo}可将土壤重金属污染分为 7 个等级，见表 2-15。不同金属元素的 I_{geo}见图 2-7。

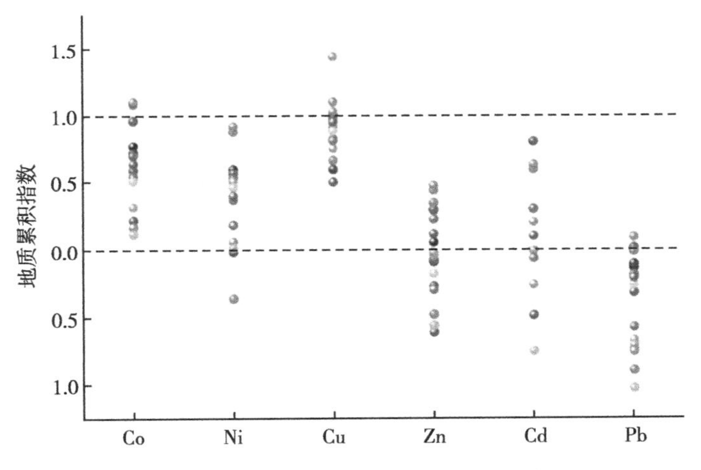

图 2-7　不同采样点土壤重金属地累积指数

Co、Ni、Cu、Zn、Cd 和 Pb 的 I_{geo}分别为 0.11~1.09、-0.37~0.91、0.49~1.43、-0.62~0.46、-0.76~0.80 和-1.04~0.08。总体而言，Zn 和 Pb 的 I_{geo}平均值小于 0，表明 Zn 和 Pb 对土壤的影响很小。Co、Ni、Cu 和 Cd 的 I_{geo}平均值在 0 和 1 之间，表明这些重金属对土壤造成了轻微污染。Ni、Zn、Cd、Pb 无污染点所占比例分别为 11.8%、58.8%、41.2%、94.1%，Co、Ni、Cu、Zn、Cd、Pb 轻度污染点所占比例分别为 88.2%、88.2%、76.5%、41.2%、58.8%、5.9%。Co 和 Cu 的 I_{geo}分别有 2 个站点和 4 个站点大于 1，表明这 2 种重金属对土壤造成了中度污染。

2.5 主要污染物源解析

土壤污染已经受到越来越多的关注，对土壤中污染物来源的研究也日益深入。进行土壤中污染物源解析，不仅要判断污染物的来源类型，还要定量计算各类排放源的贡献。当前土壤中污染物源解析主要有2种方法，一是以污染源为研究对象的扩散模型；二是以污染区域为研究对象的受体模型。由于污染源的不确定性，受体模型在实际工作中应用得更为广泛。

多元方法的基本思路是利用不同物质间的相互关系来对物质排放源进行分析，主要包括主成分分析及相关分析、多元线性回归等（Li et al.，2006）。本节通过主成分分析和多元线性相关的方法，对研究区域中污染物的来源类型及不同来源贡献进行分析。

2.5.1 土壤中 PAHs 源解析

2.5.1.1 源识别

（1）特征分子比值法 应用特征分子比值法可以准确、可靠地推断出土壤中 PAHs 的来源，苯并［a］蒽/（苯并［a］蒽+䓛）、茚并［1，2，3-c，d］芘/（茚并［1，2，3-c，d］芘+苯并［g，h，i］苝）常用来进行 PAHs 源识别（Ravindra et al.，2008）。本研究中苯并［a］蒽/（苯并［a］蒽+䓛）为0~0.38，在不同区域中超过70%的土壤样品比值范围为0.20~0.35（表2-17），这表明 PAHs 来自石油、燃烧混合源。因此，本地区 PAHs 主要来自石油及燃烧源。在城区、郊区、农村茚并［1，2，3-c，d］芘/（茚并［1，2，3-c，d］芘+苯并［g，h，i］苝）分别为0.33~0.51、0.43~0.55、0.43~0.55，有42.9%~81.3%的土壤样品该比值为0.2~0.5，说明土壤中 PAHs 主要来自液体石化产品的燃烧。沿农村—城区梯度，该比值超过0.5的土壤样品从57.1%降低到了18.8%，说明石化燃料消费增加而生物质燃烧降低，这与研究区域实际是相吻合的。

表2-17　不同区域PAHs特征分子比值

特征分子比值	指标	指示意义	城市	郊区	农村
苯并[a]蒽/(苯并[a]蒽+䓛)	平均		0.29	0.28	0.26
	中值		0.28	0.29	0.29
	范围		0.24~0.37	0.19~0.38	0.00~0.36
	>0.35[a]	燃烧源	1	1	1
	0.2~0.35[a]	石油源、燃烧源	12	28	33
	<0.2[a]	石油源	0	2	1
茚并[1,2,3-c,d]芘/(茚并[1,2,3-c,d]芘+苯并[g,h,i]苝)	平均		0.46	0.50	0.51
	中值		0.46	0.48	0.51
	范围		0.33~0.51	0.43~0.55	0.45~0.55
	>0.5[a]	生物质燃烧源	3	8	19
	0.2~0.5[a]	液体燃料燃烧源	13	23	16
	<0.2[a]	石油类源	0	0	0

注：[a]比值在该范围内的土壤样品数量。

（2）主成分分析法　通过主成分分析，不同研究区域得到2~4个主成分（表2-18）。

表2-18　不同区域PAHs主成分分析载荷

PAHs	城区		郊区				农村			
	1	2	1	2	3	4	1	2	3	4
萘	0.06	0.95	-0.45	0.21	0.53	-0.06	0.08	0.33	0.67	0.26
苊	0.59	0.77	-0.03	0.09	0.88	0.13	0.01	0.14	0.77	0.31
二氢苊	0.21	0.88	0.30	0.34	-0.21	0.63	0.13	-0.06	0.79	-0.39
芴	0.66	0.67	0.16	0.22	0.84	-0.26	0.66	0.07	0.65	0.02
蒽	0.83	0.55	0.33	0.49	0.61	-0.22	0.85	0.06	0.30	0.11

（续表）

PAHs	城区		郊区				农村			
	1	2	1	2	3	4	1	2	3	4
菲	0.81	0.57	0.09	0.89	0.33	-0.03	0.81	0.14	0.32	-0.08
荧蒽	0.81	0.57	0.33	0.91	0.17	-0.04	0.88	0.24	-0.11	0.20
芘	0.77	0.61	0.38	0.86	0.17	-0.03	0.84	0.16	-0.09	0.19
苯并［a］蒽	0.94	0.34	0.78	0.53	0.09	-0.04	0.35	0.45	0.04	0.43
䓛	0.93	0.36	0.83	0.48	0.15	-0.13	0.66	0.44	0.26	0.31
苯并［b］荧蒽	0.93	0.35	0.91	0.14	0.04	-0.11	0.60	0.42	0.05	0.62
苯并［k］荧蒽	0.96	0.09	-0.06	-0.25	-0.02	0.85	-0.10	0.10	-0.12	0.83
二苯并［a，h］蒽	0.96	0.26	0.86	-0.03	0.17	0.33	-0.02	0.83	0.25	-0.10
苯并［a］芘	0.97	0.25	0.89	0.31	0.02	0.11	0.63	0.58	0.09	0.23
苯并［g，h，i］苝	0.96	0.28	0.90	0.28	-0.02	0.04	0.57	0.76	-0.05	0.10
茚并［1，2，3-c，d］芘	0.96	0.26	0.93	0.20	-0.14	0.02	0.61	0.66	0.15	-0.03
总方差/%	66.49	29.30	37.58	22.60	15.14	8.83	33.22	17.92	15.52	11.49
累计贡献率/%	66.49	95.79	37.58	60.18	75.32	84.15	33.22	51.14	66.66	78.15

对于城区来说，第一主成分、第二主成分的累计贡献率达95.79%。第一主成分能够解释总方差的66.49%，8个高分子量PAHs的因子载荷最高，都在93%以上，其次是芴、蒽、菲、荧蒽、芘。高分子量PAHs是机动车排放的指示物，芴、蒽、菲、荧蒽、芘、苯并［a］蒽、䓛、苯并［a］芘是煤燃烧的指示物，因此，第一主成分代表机动车排放和煤燃烧。第二主成分能够解释总方差的29.30%，萘、二氢苊载荷最大，苊、芴、芘、荧蒽、菲、蒽、苯并［a］蒽、䓛、苯并［b］荧蒽也有较高的载荷。萘、二

氢苊、菲是石油的指示物，苊、芴、芘、荧蒽、菲、蒽、苯并［a］蒽、䓛、苯并［b］荧蒽是非机动车石化产品燃烧的释放物。由于研究区域为石油产区，内有大量的石化产业，因此，第二主成分代表石化产业的排放。

郊区得到了 4 个主成分，第一主成分能够解释总方差的 37.58%，䓛、苯并［b］荧蒽、二苯并［a，h］蒽、苯并［a］芘、苯并［g，h，i］苝、茚并［1，2，3-c，d］芘载荷较高，其次是苯并［a］蒽，代表机动车排放。第二主成分能够解释总方差的 22.60%，菲、荧蒽、芘载荷最高，代表城市垃圾焚烧。第三主成分能够解释总方差的 15.14%，萘、苊、芴、蒽、菲载荷较高，高分子量 PAHs 的载荷较小，代表石油运输、加工过程中的泄漏、挥发等造成的污染。第四主成分贡献率较小，不足 10%，在此不再讨论。

农村第一主成分能够解释总方差的 33.22%，高载荷因子包括芴、蒽、菲、蒽、芘、䓛，代表煤燃烧。第二主成分能够解释总方差的 17.92%，二苯并［a，h］蒽载荷最高，其次是苯并［a］芘、苯并［g，h，i］苝、茚并［1，2，3-c，d］芘，代表机动车排放。第三主成分能够解释总方差的 15.52%，其因子载荷与作物秸秆燃烧排放特征显著相关，同时，秸秆燃烧在研究区域比较普遍，因此，此主成分代表作物秸秆燃烧。第四主成分能够解释总方差的 11.49%，苯并［k］荧蒽、苯并［b］荧蒽有较高的因子载荷，苯并［g，h，i］苝、茚并［1，2，3-c，d］芘载荷较小，代表木材燃烧源。

2.5.1.2　源解析

对不同区域主成分中因子得分进行标准化处理后，进行多元线性回归分析，量化不同来源的贡献率。城区线性回归方程如下：

$$Y=0.772X_1+0.630X_2 \tag{2-5}$$

式中，X_1、X_2分别表示煤燃烧+机动车排放、石化产业，其贡献率分别为55.1%、44.9%。

郊区线性回归方程如下：

$$Y=0.256X_1+0.626X_2+0.606X_3 \tag{2-6}$$

式中，X_1、X_2、X_3分别代表机动车排放、垃圾焚烧、石油污染，其贡献率分别为17.2%、42.1%、40.7%。

农村线性回归方程如下：

$$Y=0.435X_1+0.412X_2+0.623X_3+0.259X_4 \tag{2-7}$$

式中，X_1、X_2、X_3、X_4分别代表煤燃烧、机动车排放、秸秆焚烧、木材焚烧，其贡献率分别为25.2%、23.8%、36.0%、15.0%。

从以上分析可以看出，不同区域PAHs污染源存在明显差异，在城区、郊区、与石化相关源对土壤中PAHs的贡献率远大于50%，是主要源，而在农村，与石油类相关污染源的贡献率明显降低，相反生物质燃烧贡献率大大增加，达到了51%，是主要源。同时，尽管郊区与农村土壤PAHs含量相当，但其来源存在很大差别。

总之，研究区域中城区、郊区土壤中PAHs主要来自石油及相关石化产业，贡献率在50%以上，农村土壤中PAHs主要来自生物质燃烧，贡献率超过了50%。

2.5.2 土壤中PCBs源解析

2.5.2.1 源识别

应用主成分分析对研究区域PCBs进行分析，得到4个主成分因子，分别能够解释总方差的28.8%、22.3%、14.8%、14.2%。第一主成分中，低氯代PCB28和PCB52载荷最高（表2-19），鉴于低氯代PCB容易挥发迁移，而当地有低氯代PCB源的电子类产业分布很少，因此，笔者认为这类PCBs主要来自较长距离的大气沉降。第二主成分中，高氯代PCB138、PCB153、PCB180载荷最高，这类PCBs移动性较差，在环境中持久性强，可能与含多氯联苯类产品的使用有关，如电解质、增塑剂等。第三主成分中，PCB118 载荷最高，PCB118 是城市固体废弃物处理的主要副产物（Zhang et al.，2007），因此，其代表城市固废垃圾处理。第四主成分中，PCB101 载荷最高，已有报道表明其与石油生产有关，同时，本研究发现土壤中 PCB101 含量高的样品，多距石油产业较近，因此，其代表石化产业源。

表 2-19　不同区域 PCBs 和 DDTs 主成分分析载荷

PCBs	1	2	3	4	DDTs	1	2
PCB28	0.99	-0.02	-0.01	-0.00	*p*，*p*′-DDT	0.24	0.94
PCB52	0.99	-0.02	-0.01	-0.00	*o*，*p*′-DDT	0.69	0.69
PCB101	0.01	-0.02	-0.01	0.99	*p*，*p*′-DDE	-0.01	0.93
PCB118	-0.02	0.01	0.97	-0.01	*o*，*p*′-DDE	0.98	0.15
PCB138	-0.06	0.69	-0.16	0.05	*p*，*p*′-DDD	0.95	0.31
PCB153	0.02	0.75	0.30	0.00	*o*，*p*′-DDD	0.99	-0.01
PCB180	0.00	0.71	-0.02	-0.07			
总方差/%	28.8	22.3	14.8	14.2	总方差/%	67.9	27.1

2.5.2.2　源解析

将每一主成分中因子得分进行标准化处理后，进行多元线性回归分析，得到如下方程：

$$Y = 0.015X_1 + 0.065X_2 + 0.208X_3 + 0.917X_4 \qquad (2-8)$$

式中，Y 为土壤中 PCBs 总含量；X_1、X_2、X_3、X_4 分别代表第一、第二、第三、第四主成分，也就是不同的 PCBs 源。

由此可知，大气沉降、PCBs 类产品使用、城市固废处理、当地石化产业对表层土壤中 PCBs 的贡献率分别为 1.2%、5.2%、16.5%、77.1%。石化产业贡献率最大，是主要源。

2.5.3 土壤中 DDTs、HCHs 源解析

2.5.3.1 源识别

土壤中 DDTs 残留与 DDTs 类产品的利用直接相关，一般认为 *p*，*p*′-DDT/(*p*,*p*′-DDE+*p*，*p*′-DDD）小于 1 表示土壤中 DDTs 来自历史残留，而当该比值大于 1 则表示有新鲜 DDTs 输入（Qiu et al.，2005）。本研究中，不同区域 *p*，*p*′-DDT/(*p*,*p*′-DDE+*p*，*p*′-DDD）存在显著差异，但是均大大小于 1，这表明这一区域土壤中 DDTs 残留主要是由于历史上的使用而致（表 2-20）。同时，农村农田中该比值显著高于其他区域，表明农村农田中 DDT 使用历史明显较其他地区要长。农村有 2 个农田土壤样品该比值大于 1，表明农村中仍有少量 DDT 使用。

三氯杀螨醇的使用是土壤中 DDT 的另一个来源。其 *o*，*p*′-DDT/*p*，*p*′-DDT 为 1.3~9.3，而 DDT 的这一比值为 0.2~0.3。本研究中，*o*，*p*′-DDT/*p*，*p*′-DDT 在 0.26~0.96，郊区与农村土壤样品的这一比值高于 DDT 的相应值，但低于三氯杀螨醇的相应值，加上 *o*，*p*′-DDT 的持久性明显要低于 *p*，*p*′-DDT，因此，在郊区和农村区域土壤中有三氯杀螨醇的输入。

对研究区域土壤中 DDTs 进行主成分分析，得到了两个主成分，能够解释 95%的总方差（表 2-19）。第一主成分中，*o*，*p*′-DDE、*o*，*p*′-DDD、*p*，*p*′-DDD 载荷最高，其次是 *o*，*p*′-DDT、*o*，*p*′-DDE、*o*，*p*′-DDD，这些都是 *o*，*p*′-DDT 及其降解产物。而 *p*，*p*′-DDD 可能是三氯杀螨醇中杂质 *p*，*p*′-Cl-DDT 的产物。因此，这一主成分代表三氯杀螨醇源。第二主成分中，*p*，*p*′-DDT、*p*，*p*′-DDE 载荷最高，其次是 *o*，*p*′-DDT。由于 *o*，*p*′-DDT 是 DDT 中的一种次要成分，而 *p*，*p*′-DDE 是 *p*，*p*′-DDT 的降解产物，因而，这一主成分代表 DDT 的历史残留。

表 2-20　不同区域 DDT 同系物比值

同系物比	项目	城区	郊区			农村			总计
			总体	农田	林地	总体	农田	林地	
DDT/(DDE+DDD)[a]	平均	0.15	0.12	0.12	0.13	0.44	0.61	0.07	0.26
	中值	0.12	0.11	0.11	0.11	0.06	0.08	0.05	0.09
	范围	0.04~0.42	0.02~0.33	0.02~0.33	0.04~0.26	0~10.57	0~10.57	0~0.20	0~10.57
	>1[b]	0	0	0	0	2	2	0	2
o，*p*′-DDT/*p*，*p*′-DDT	平均	0.26	0.96	1.06	0.54	0.33	0.31	0.39	0.56
	中值	0.18	0.35	0.30	0.39	0.32	0.32	0.26	0.28
	范围	0~1.65	0~7.05	0~7.05	0~1.42	0~0.87	0~0.82	0~0.87	0~7.05
	>1.3[c]	1	7	6	1	0	0	0	8

注：[a] DDT、DDE、DDD 分别为 *p*，p′-DDT、*p*，p′-DDE、*p*，p′-DDD；[b] 比值大于 1 的土壤样品数量；[c] 比值大于 1.3 的土壤样品数量。

2.5.3.2　源解析

将每一主成分中因子得分进行标准化处理后，进行多元线性回归分析，得到如下方程：

$$Y = 0.147X_1 + 0.930X_2 \tag{2-9}$$

式中，Y 为土壤中 DDTs 含量；X_1、X_2表示第一、第二主成分，即三氯杀螨醇源和过去 DDT 使用源。

由式（2-9）可知，三氯杀螨醇与历史上 DDTs 使用对土壤中 DDTs 的贡献率分别为 13.6%、86.4%。

由于 HCHs 只有 α-HCH、β-HCH、γ-HCH 3 种异构体，因此，未对其进行主成分分析。从 3 种异构体在 HCHs 残留所占比例（9.2%、43.4%、47.4%）及 α-HCH 向 β-HCH 转化来看，HCHs 使用贡献率占 48.9%~49.8%，林丹使用贡献率占 48.3%~48.9%。

2.5.4 土壤中重金属源解析

土壤中的重金属主要受自然和人为因素的影响，其来源的相似性可能会导致不同元素之间存在一定的相关性，重金属之间的相关性分析是推断重金属来源的重要依据。土壤中重金属的 Pearson 相关性分析结果见表 2-21。Co、Ni、Zn、Cd 和 Pb 之间存在显著的正相关关系，这表明这些重金属可能具有相同的来源，Cu 与其他重金属之间的相关性不显著，表明 Cu 的来源或环境行为与其他重金属不同。

表 2-21 土壤中重金属相关性分析

重金属	Co	Ni	Cu	Zn	Cd	Pb
Co	1.000					
Ni	0.941**	1.000				
Cu	0.060	0.131	1.000			
Zn	0.600*	0.572*	0.352	1.000		
Cd	0.819**	0.720**	0.220	0.749**	1.000	
Pb	0.917**	0.875**	0.040	0.550*	0.866**	1.000

注：* 表示在 0.05 水平上显著相关；** 表示在 0.01 水平上极显著相关。

为了进一步分析 6 种重金属的来源，对重金属相关数据进行了主成分分析，共筛选出两个主成分，分别可以解释变量总方差的 68.4%和 18.5%，能够反映原始数据的大部分信息。土壤中重金属的因子载荷分布见图 2-8。Co、Ni、Zn、Cd 和 Pb 在第一主成分中的负荷量较高，分别为 0.950、0.916、0.766、0.924 和 0.935。根据前面的分析，Co、Ni、Zn、Cd 和 Pb 之间存在显著的正相关关系，表明这 5 种重金属可能具有相同的来源或行为。一方面，这与土壤母质有关；另一方面，5 种重金属的含量均超过了背景值，说明它们也受到了人类活动的影响。农业生产是这些重金属元素的主要来源，其中土地灌溉可以忽略不计，因为农田林地灌溉次数较少，偶尔的人工灌溉水来自黄河，对土壤质量影响不大。林果生产过程中进行施肥，肥料种类分为粪肥、微生物肥、中微量元素肥和氮磷钾复混肥，当然，肥料的种类、频率和数量可能在不同的果园有所不同。大量文献报道不同类型的肥料（尤其是有机肥）重金属含量较高，如磷肥和锌肥富集 Cd 和 As，由此推断，5 种重金属的输入与长期施用含重金属的肥料有关。

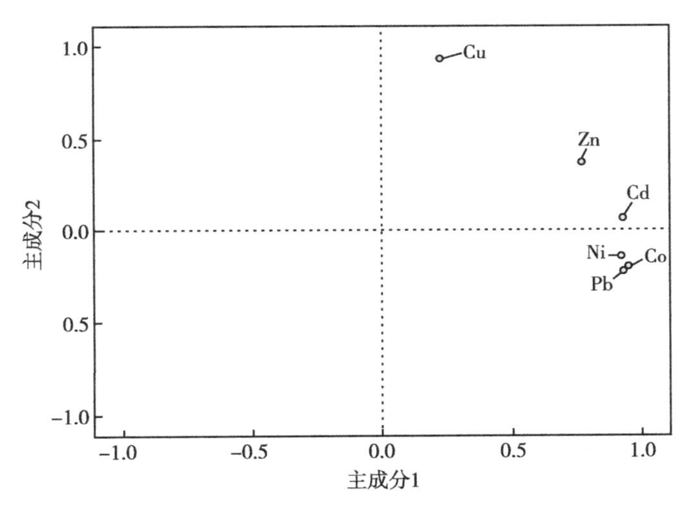

图 2-8　土壤中重金属的负荷分布

Cu 在第二主成分中的负荷量较高，为 0.926，这与相关性分析的结果一致。Cu 的来源不同于其他重金属，被认为是某些农药（如波尔多液）的主要有效成分，这些农药在果园中被广泛使用，导致果园土壤中的 Cu 不断累积。实际上，在林果种植过程中，根据笔者与当地农民的交谈，含 Cu 农药/肥料一般在 7 月或 8 月喷施，树木中的 Cu 会通过降雨进入土壤，因此，研究区域土壤中的 Cu 主要与含 Cu 农药的使用有关。林果生产过程中，应施用重金属含量低的化肥、农药，可通过调整化肥和农药的用量和施用频率来控制重金属的输入。

2.6 我国不同三角洲土壤环境特征比较

黄河三角洲土壤中PAHs含量远低于长江三角洲，但远高于珠江三角洲；同时，低环PAHs为主分布特征与长江三角洲、珠江三角洲明显不同，珠江三角洲“高致”活性的苯并［a］芘占PAHs总量的13%。黄河三角洲土壤中PCBs含量远低于长江三角洲和珠江三角洲，在组成上，地区之间也存在差异。土壤中DDTs高残留是黄河三角洲有别于其他两个三角洲的另一个显著特征，而HCHs残留量较其他三角洲明显偏低（表2-22）。

表2-22　3个三角洲土壤POPs污染状况比较　单位：μg/kg

地区	PAHs		PCBs		DDTs		HCHs	
	均值	范围	均值	范围	均值	范围	均值	范围
黄河三角洲	360	181~2 176	2.6	nd~87	191.0	3.3~3 819	0.76	nd~25.4
长江三角洲	397	8.6~3 881	14.0	0.46~56	28.9	0.5~484	3.2	0.28~17.9
珠江三角洲	89.7	8.4~1 200	4.7	0.01~61	4.4	nd~40.9	1.9	0.14~10.1

注：nd表示土壤污染物含量低于检测限。

通过提高田间管理水平，不断改善土壤结构和增加肥力，DDTs在土壤中的残留量会逐渐降低。而石化产业是该地区的重要支柱产业，生产过程中难免造成土壤污染，是PAHs、PCBs的主要源。因此，控制和修复土壤石油污染是该地区进行土壤POPs污染治理的关键之一。

主要参考文献

陈爱萍，2011. 黄河三角洲地区土壤中典型POPs污染特征、分布和来源与源解析. 北京：中国矿业大学（北京）.

李清波，2004. 长江三角洲地区PCBs空间分布与风险评估. 博士后工作报告, 南京: 中国科学院南京土壤研究所.

庞绪贵, 代杰瑞, 陈磊, 等, 2019. 山东省 17 市土壤地球化学背景值. 山东国土资源, 35(1): 46-56.

杨国义, 张天彬, 高淑涛, 等, 2007. 珠江三角洲典型区域农业土壤中多环芳烃的含量分布特征及其污染来源. 环境科学, 28(10): 2350-2354.

AGARWAL T, KHILLARE P S, SHRIDHAR V et al., 2009. Sources and toxic potential of PAHs in the agricultural soils of Delhi, India. Journal of Hazardous Materials, 163(2-3): 1033-1039.

FU J M, MAI B X, SHENG G Y, et al., 2003. Persistent organic pollutants in environment of the Pearl River Delta, China: an overview. Chemosphere, 52 (9): 1411-1422.

KRAUSS M, WILCKE W, 2003. Polychlorinated naphthalene in urban soils: analysis, concentrations, and relation to other persistent organic pollutants. Environmental Pollution, 122(1): 75-89.

LI J, ZHANG G, LI X D, et al., 2006. Source seasonality of polycyclic aromatic hydrocarbons (PAHs) in a subtropical city, Guangzhou, South China. Science of the Total Environment, 355 (1-3): 145-155.

LIANG J, MA G, FANG H, et al., 2011. Polycyclic aromatic hydrocarbon concentrations in urban soils representing different land use categories in Shanghai. Environmental Earth Science, 62(1): 33-42.

MALISZEWSKA-KORDYBACH B, 1996. Polycyclic aromatic hydrocarbons in agricultural soils in Poland: preliminary proposals for criteria to evaluate the level of soil contamination. Applied Geochemistry, 11 (1-2): 121-127.

MALISZEWSKA-KORDYBACH B, SMRECZAK B, KLIMKOWICZ-PAWLAS A, 2009. Concentrations, sources, and spatial distribution of individual polycyclic aromatic hydrocarbons (PAHs) in agricultural soils in the Eastern part of the EU: Poland as a case study. Science of the Total Environment, 407(12): 3746-3753.

QIU X H, ZHU T, YAO B, et al., 2005. Contribution of dicofol to the current DDT pollution in China. Environmental Science & Technology, 39 (12): 4385-4390.

RAVINDRA K, SOKHI R, VAN GRIEKEN R, 2008. Atmospheric polycyclic aromatic hydrocarbons: source attribution, emission factors, and regulation. Atmospheric Environment, 42 (13): 2895-2921.

TANG L, TANG X, ZHU Y, et al., 2005. Contamination of polycyclic aromatic hydrocarbons (PAHs) in urban soils in Beijing, China. Environment International, 31(6): 822-828.

WANG D G, YANG M, JIA H L, et al., 2008. Levels, distributions and profiles of polychlorinated biphenyls in surface soils of Dalian, China. Chemosphere, 73(1): 38-42.

YIN C Q, XIN J, YANG X L, 2008. Polycyclic aromatic hydrocarbons in soils in the vicinity of Nanjing, China. Chemosphere, 73(3): 389-394.

ZHANG H B, LUO Y M, WONG M H, et al., 2006. Distributions, concentrations of PAHs in Hong Kong soils. Environmental Pollution, 141(1): 107-114.

ZHANG H B, LUO Y M, WONG M H, et al., 2007. Concentrations and possible sources of polychlorinated biphenyls in the soils of Hong Kong. Geoderma, 138 (3-4): 244-251.

ZHANG H B, LUO Y M, WONG M H, et al., 2007. Concentrations and possible sources of polychlorinated biphenyls in the soils of Hong Kong. Geoderma, 138(3-4): 244-251.

第三章　黄河三角洲盐渍化石油污染土壤微生物修复技术

3.1　黄河三角洲石油污染状况

3.1.1　石油污染状况

随着石油生产和消费量的不断增加，在石油开采、运输、加工和利用过程中，大量的石油类物质不断进入环境，严重威胁着生态安全。石油污染已成为世界性的主要环境问题。据估计，我国每年约有 6×10^{8}kg 石油通过各种途径进入环境，截至 2003 年底，石油工业固体废弃物堆放量达 1.9×10^{10}kg，占地面积约 $1.8\times10^{6}m^{2}$，年石油污染土壤量近 1×10^{8}kg，累积堆放量达 5×10^{8}kg。黄河三角洲是胜利油田驻地，是我国重要的石油产区之一，在油田开发区，每一口油井都可看作一个污染点源或风险污染点源。在钻井、洗井、试井以及修井作业中排放的一部分石油，会洒落在井场周围，造成油井周围一定范围内土壤遭受污染。落地油在土壤表层聚积后，不断向下迁移，超过土壤环境容量后，会进入地下潜水层污染地下水，使地下水水质降低。油田开发建设过程对土壤环境的影响分为勘探期、建设期和生产期 3 个阶段。其中，落地油对土壤环境的影响主要发生在生产期（运营期）。运营期间正常工况下，油田开发对土壤影响不大，所有工艺都在封闭管线、站场内进行。因此，正常工况下，油田投产对区域土壤环境影响不大。运营期对土壤的污染，主要发生在事故条件下，如爆管泄漏致使石油洒落地面，以及运营期间试井、洗井、采油作业时，均会有油滴落在地面。另外，各类机械设备也可能出现跑、冒、漏油故障，从而对外部环境造成油污染。开发区内落地油对土壤环境的影响是局部的，它受发生源的制约，主要呈点片状分布，在横向上以发生源为中心向四周扩散，距油井越远，土壤中含油量越少。另外，管线泄漏会影响地表以下较深层土壤，对表层土壤影响不大。但在地下水位较浅的地段，随地下水的垂直运动，管线泄漏也会影响地表土壤的理化性质。

在黄河三角洲选择不同采油年限油井 31 口，对油井周围 100 m 区域土壤石油及石油组分含量进行分析，发现井口附近土壤污染较重，距离油井超过 50 m，土壤中石油含量大幅下降，基本呈 2 种变化趋势（图 3-1）；采油过程中产生的落地油是导致土壤污染的主要原因，表层（0~10 cm）土壤污染较重，石油污染物向下迁移能力较弱，超过 20 cm 土层后，土壤中石油含量大大降低，除个别点外，一般不足表层土壤含量的 5%。芳香烃石油组分占总石油含量的 15%~35%，是土壤中 PAHs 的直接来源。据不完全统计，黄河三角洲至少有石油污染土壤 2 000 hm^2，污染程度为 0.05%~10%。随着石油开采由内陆向海上转移，土壤石油污染在海岸带区域呈上升趋势。

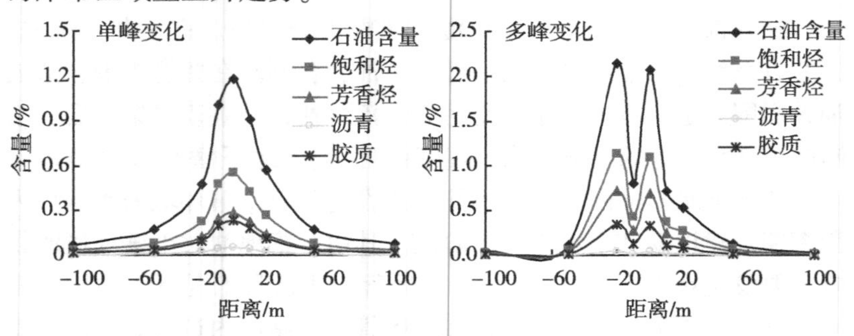

图 3-1　油井附近土壤石油含量变化

3.1.2　石油污染土壤性质

石油污染物在土壤中能够破坏土壤结构，影响土壤的通透性，改变土壤有机质的组成和结构，导致石油污染土壤中碳、氮比例严重失调，引起土壤微生物群落数量和结构的变化。石油污染物中的极性基团还能与土壤中腐殖质等有机物质及氮、磷等营养元素相结合，限制硝化、反硝化和磷酸化作用，从而使土壤中可供微生物和植物利用的有机质、氮和磷含量降低，严重影响土壤肥力。此外，石油中的有些组分对土壤中的动物、植物、微生物都有显著毒害作用，动物、微生物数量与多样性降低，影响作物的出苗率和结实率，使得作物抗倒伏、抗病虫害能力下降。

黄河三角洲滨海盐渍化土壤面积占该地区土地总面积的2/3左右，其中高于0.8%的重度盐渍化土壤约占1/4，随着石油开采向海上转移，石油污染土壤中，盐渍化土壤所占比例很大，含盐量高是黄河三角洲石油污染土壤的一个最为突出的特征，进行黄河三角洲石油污染土壤修复，必须要考虑土壤盐渍化问题。

石油污染土壤的修复方法主要有物理、化学和生物修复方法。物理方法修复费用高，化学方法破坏土壤结构，容易带来土壤的二次污染。生物修复由于不破坏植物生长所需的土壤环境，具有处理费用低、环境友好、无二次污染等优点，被视为最有应用前景的污染土壤修复技术。然而，生物修复虽有诸多优点，但在实际石油污染土壤修复应用中存在局限性。由于石油产地、油层不同，石油组成成分不同，在某一地区石油污染土壤生物修复成功的修复生物与经验等不一定适合其他地区。对盐渍化石油污染土壤治理和修复，是目前黄河三角洲面临的一项重要环境问题。关于盐渍化石油污染土壤生物修复国内外研究成果较少，有必要深入开展相关方面的理论和实践研究工作，为建立经济、高效的盐渍化石油污染土壤修复高效技术提供理论和方法依据。

3.2 盐渍化石油污染土壤修复微生物筛选

微生物降解是修复石油污染土壤的一种有效、经济、环保的途径，是去除石油类有机污染物的主要机制。筛选高效、修复效率稳定的菌株是石油污染土壤生物修复技术的关键。有关石油降解微生物的筛选、鉴定及其对石油污染土壤修复的成功实例，国内外已有很多报道。然而，土壤的石油污染常伴随着高盐环境，高浓度盐离子严重制约石油降解菌的生长及其对石油污染物的代谢能力，传统的非耐盐微生物并不适合对高盐环境的石油污染土壤进行生物修复。因此，筛选耐盐石油降解菌，是开展盐渍化石油污染土壤微生物修复的基础。现已报道的耐盐石油降解菌，主要从油田废水和油污海水中分离得到，由于土壤环境较复杂，这些降解菌在高盐环境下修复石油污染土壤的应用潜力很有限。盐渍化土壤中土著微生物能够适应高盐环境，对修复高盐环境下石油污染土壤具有较大潜力。石油污染物的去除效果不仅与微生物的种类有关，还与石油的性质和浓度，环境中的氧气、温度、盐度以及营养状况等因素有关。国内外学者在影响石油污染物生物降解效率的主要环境因素即盐度、pH、温度、接种量、底物浓度等方面进行了深入而细致的研究。黄河三角洲长期遭受石油污染的盐渍化土壤中，存在着大量降解石油污染物的耐盐微生物，因此在这种环境中能够分离出优良的耐盐石油污染修复菌株。通过对采集自黄河三角洲石油污染盐渍化土壤中的石油降解微生物进行富集培养，经分离、纯化和土壤培养试验，筛选得到在盐胁迫下高效利用石油污染物的降解菌，对其进行分类鉴定，同时，研究菌株的耐盐能力、降解效率及其机制。

3.2.1 土壤中石油污染物测定方法

石油组分复杂，主要由碳、氢元素组成，包括饱和烃、芳香烃、胶质（极性组分）、沥青质等。大部分石油中饱和烃占 40%～

80%，芳香烃占15%~40%，胶质和沥青质占0%~20%。土壤中石油污染物含量常用分析方法有重量法、光谱法和色谱法。

3.2.1.1　重量法

称取5 g过0.25 mm筛的干燥石油污染土壤，加入20 mL氯仿，振荡1 min后，超声萃取30 min，其间水温保持在40 ℃以下，也可进行索氏提取（75 ℃提取4 h）。提取结束后，利用旋转蒸发仪将萃取溶剂去除，残留物充分干燥后称重即为土壤中石油污染物的含量。

将残留物用二氯甲烷溶解，不溶部分干燥称重为沥青质组分含量，溶解部分去除溶剂，重新溶于正已烷中，浓缩至适量，加入层析柱中（7 mm×30 mm），柱中自下至上依次装入3 g活化硅胶、2 g氧化铝和1 g无水硫酸钠。以10 mL正已烷润洗后，用30 mL正已烷洗脱得到饱和石油烃组分，用20 mL 2∶1（V∶V）的二氯甲烷和正已烷混合溶液洗脱得到芳香石油烃组分；用20 mL 1∶1（V∶V）的甲醇和丙酮混合溶液洗脱得到胶质组分（极性组分）。不同洗脱组分分别浓缩、干燥后称重即为各个组分的含量。

3.2.1.2　光谱法

红外测定法：提取方法同3.2.1.1重量法。提取结束后，定容至50 mL，利用红外测油仪，在波数3 400~2 400 cm^{-1}范围内对萃取液进行测定，通过标准曲线方程得到土壤中石油污染物的含量。

紫外分光光度法：提取方法同3.2.1.1重量法。提取结束后，定容至50 mL，利用紫外分光光度计在225 nm对萃取液进行测定，通过标准曲线方程得到土壤中石油污染物的含量。

3.2.1.3　色谱法

提取方法同3.2.1.1重量法。提取结束后，利用旋转蒸发仪对提取液进行浓缩，用氮气吹干，再用2 mL正已烷溶解，利用气相色谱或气相-质谱联用仪进行测定。测定条件如下。

色谱柱：HP-5 石英毛细柱（30 m×0.32 mm×0.25 μm）。

载气：N_2/He，纯度>99.999%，柱流量 1 mL/min。

检测器：氢火焰离子检测器（FID）/质谱检测器。

进样口温度：290 ℃。

进样量：1 μL，不分流进样。

采用程序升温：初始温度 20 ℃，保持 2 min，然后以6 ℃/min速率升至 300 ℃，保持 16 min，至样品完全流出色谱柱。

基于峰面积，采用标准曲线法进行定量。

3.2.2 修复微生物筛选方法

3.2.2.1 主要培养基

无机盐液体培养基：KH_2PO_4 0.68 g，Na_2HPO_4 1.79 g，$MgSO_4$ 0.35 g，NH_4NO_3 1 g，酵母粉 0.01 g，微量元素混合液 1 mL，蒸馏水定容至 1 000 mL，pH 7.2。其中，微量元素混合液：$CuCl_2 \cdot 2H_2O$ 1 g，$CoCl_2 \cdot 6H_2O$ 4 g，$ZnCl_2$ 2 g，$CaCl_2$ 40 g，H_3BO_3 0.5 g，$NaMoO_4 \cdot 2H_2O$ 2 g，$FeCl_3 \cdot 7H_2O$ 40 g，$AlCl_3 \cdot 6H_2O$ 1 g，$MnCl_2 \cdot 4H_2O$ 8 g，溶于 1 000 mL蒸馏水。

富集培养基：无机盐液体培养基 1 000 mL，NaCl 10 g，石油 5 g，pH 7.4。

分离培养基：牛肉膏 3 g，蛋白胨 10 g，NaCl 10 g，琼脂 20 g，蒸馏水 1 000 mL，pH 7.4~7.6。

降解培养基：无机盐液体培养基 1 000 mL，NaCl 10 g，石油 1 g，pH 7.4。

发酵培养基：无机盐液体培养基 1 000 mL，牛肉膏 3 g，pH 7.4~7.6。

以上培养基均于 121 ℃条件下，灭菌 30 min。

3.2.2.2　耐盐石油降解菌的筛选方法

富集分离：取采集的石油污染土壤样品 5.0 g，接入至 100 mL 富集培养基中，置于 30 ℃恒温摇床，160 r/min 富集培养 7 d。移取第一次富集培养液，按 10%比例接入新鲜的富集培养基中，相同培养条件下进行第二次富集培养，共重复 3 次。将得到的富集培养液进行梯度稀释，取合适稀释度涂布含 1.0% NaCl 的牛肉膏蛋白胨培养基平板，置于 30 ℃恒温培养箱中，培养 5 d。挑取具有不同菌落形态的单菌落，经纯化后保存于牛肉膏蛋白胨斜面。

降解菌筛选：将纯化后菌株接种到牛肉膏蛋白胨液体培养基，置于 30 ℃恒温摇床，180 r/min 培养 24 h，离心，用磷酸缓冲液洗涤菌体 3 次，再用磷酸缓冲液稀释，制成细胞数约为 1×10^8 CFU/mL 的菌悬液。按 10%接种量接入至 100 mL 降解培养基，置于 30 ℃恒温摇床，180 r/min 培养 7 d，同时以不加菌降解培养基作对照，重复 3 次。培养结束时，向培养液中加入 60 mL 二氯甲烷，8 000 r/min离心 10 min。将上清液移入分液漏斗，再用二氯甲烷提取两次，混合有机相，用无水硫酸钠过滤脱水后，置于预先恒重的小烧杯中，室温氮气吹脱至恒重，称重得到残油量。

选取液体培养基中石油降解率较高的菌株，进行土壤复筛试验。供试土壤石油含量 19.6 g/kg，设含盐量 0.22%、0.61%、1.20% 3 个水平，以不加菌土样为对照，共 18 个处理，重复 3 次。具体试验方法：取细胞数约为 1×10^8 CFU/mL 的菌悬液 10 mL，均匀喷洒入装有 100 g 土的 250 mL 三角瓶中；加入 NH_4NO_3 和 K_2HPO_4，以补充土壤中氮、磷营养，使土壤中 C∶N∶P 约为 50∶10∶1；每隔 3 d 喷洒无菌水，使土壤含水量保持在 18%~20%；置于 30 ℃培养箱培养 40 d。

3.2.2.3　石油降解菌耐盐性

在 LB 液体培养基中加入不同量的 NaCl，使 NaCl 含量分别为

0.5%、2.0%、3.0%、4.0%、5.0%、6.0%、7.0%、8.0%、9.0%，接种量1%，pH 7.4，置于30 ℃、恒温150 r/min 培养，每隔一定时间取样，于630 nm 处测定吸光度（OD）。

3.2.2.4　石油降解菌修复效率影响因素

盐度：将降解培养基中 NaCl 含量分别设置为 0%、1.0%、2.0%、3.0%、4.0%、5.0%、6.0%。制备细胞数约为 1×10^8 CFU/mL 的菌悬液，接种量 10%，置于 30 ℃恒温摇床 180 r/min 培养 7 d，重复 3 次。培养结束时，测定石油残留浓度。

pH：将降解培养基初始 pH 分别调整为 5、6、7、8、9、10，接种量 10%，置于 30 ℃恒温摇床 180 r/min 培养 7 d，重复 3 次。培养结束时，测定石油残留浓度。

石油浓度：分别配制含 100 mg/L、200 mg/L、500 mg/L、800 mg/L、1 200 mg/L、1 800 mg/L 石油的无机盐液体培养基，pH 调整到 7.4，接种量 10%，置于 30 ℃恒温摇床 180 r/min 培养 7 d，重复 3 次。培养结束时，测定石油残留浓度。

温度：采用降解培养基，接种量 10%，分别置于 20 ℃、25 ℃、30 ℃、35 ℃、40 ℃恒温摇床 180 r/min 培养 7 d，重复 3 次。培养结束时，测定石油残留浓度。

接种量：采用降解培养基，分别以 1%、3%、6%、9%、12%、15%的量接入筛选的高效耐盐石油降解菌，置于 30 ℃恒温摇床180 r/min培养 7 d，重复 3 次。培养结束时，测定石油残留浓度。

3.2.3　耐盐修复微生物筛选过程与特性

3.2.3.1　菌株石油降解能力

将采集的土壤样品加入富集培养基中，置于恒温摇床培养 7 d 后，转接入新鲜的富集培养基中，连续富集 3 次。最后将得到的富集培养液稀释，涂布于含 1.0% NaCl 的牛肉膏蛋白胨培养基平板培养，经多次划线纯化，共得到 54 株细菌，编号为 BM1～BM54。采用石油浓度为 1 g/L、NaCl 含量为 1.0%的降解培养基对分离菌株进行初筛。按 10%的接种量，30 ℃恒温摇床 180 r/min 培养 7 d 后，各菌株对石油的降解率见图 3-2。由图 3-2 可知，分离株菌在含 1.0% NaCl 无机盐液体培养基中对石油的降解能力有很大差异，54 株菌的石油降解率为 3.1%～73.5%。其中，BM5、BM10、BM16、BM26 和 BM38 对石油降解率达到 50%以上，降解率为 51.2%～73.5%，与国内外同类研究相比，5 株菌的降解效果处于

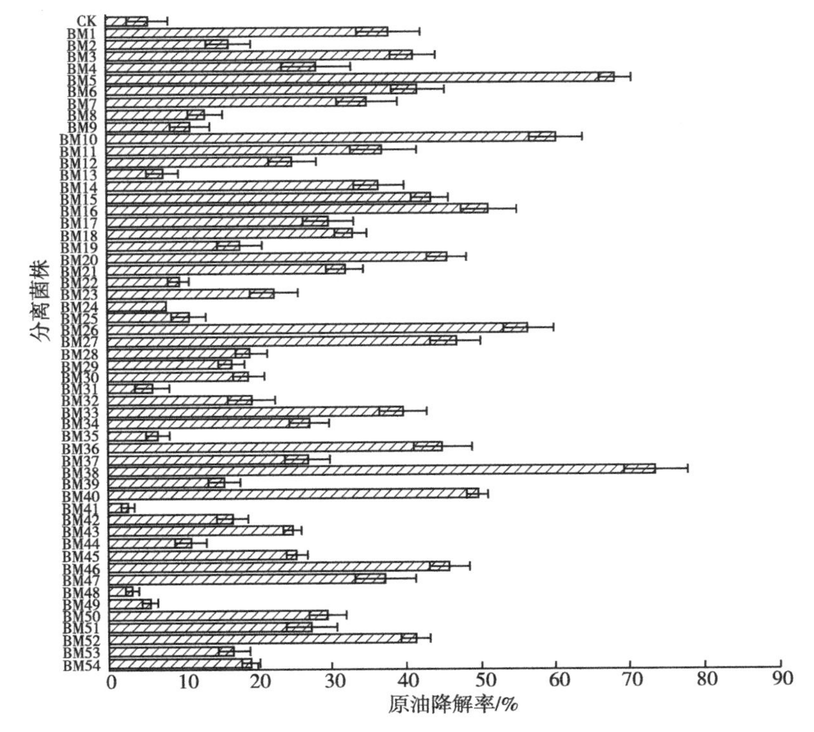

图 3-2 分离菌株在液体培养基中的石油降解率

相对较高的水平，高于菌株 CZ-1 对胜利油田石油的降解率（34.3%，7 d；王海峰等，2009）和菌株 ptr1～ptr24 对辽河油田石油的降解率（7.3%～41.0%，7 d；袁红莉等，2003），与 P11、BB3、WL2 和 MVL1 等降解菌对轻质石油的降解率相当（26.4%～75.1%，6 d；Obayori et al.，2009）。

为得到在高盐环境下对石油污染土壤修复效率高、稳定性强的菌株，选取对液体培养基中石油降解率较高的 5 株分离菌株（BM5、BM10、BM16、BM26 和 BM38），进行土壤降解试验。将 5 株菌分别接入含盐量为 0.22%、0.61% 和 1.2% 的石油污染土壤（石油含量为 19.6 g/kg）中，以不接菌石油污染土壤为对照，降解培养 40 d。研究结果表明，在不同盐分含量的土壤中，5 株菌对石油的降解作用差异明显（表 3-1）。在含盐量为 0.22% 的土壤中，5 株石油降解菌的除油率明显高于不加降解菌的自然体系。降解40 d后，BM38 的石油降解率为 40.7%，与对照相比提高了 25.1%，显著高于 BM16、BM26 和 BM10 的石油降解率（$P<0.05$）。在含盐量为 0.61% 的土壤中，BM26、BM10、BM5 和 BM38 的除油率高于不加降解菌的自然体系，与对照相比，石油降解率分别提高了 6.0%、9.2%、13.8% 和 28.8%。BM38 的石油降解率高于 BM26、BM10、BM5 和 BM16（$P<0.05$）。在含盐量为 1.20% 的土壤中，BM5 和 BM38 的石油降解率高于不加降解菌的自然体系，与对照相比，石油降解率分别提高了 11.1% 和 20.5%，BM38 的石油降解率高于 BM5。BM16、BM26、BM10 与对照的石油降解率差异不明显。土壤复杂环境影响微生物活性和酶活性，在

表 3-1　5 株菌在不同含盐量土壤中的石油降解率　　单位：%

含盐量	对照	BM16	BM26	BM10	BM5	BM38
0.22	15.6±0.79	22.5±2.36	27.9±3.47	28.5±0.92	35.4±3.12	40.7±2.51
0.61	13.4±1.32	15.7±1.12	19.4±2.41	22.6±1.39	27.2±1.94	42.2±1.46
1.20	10.7±1.89	11.3±0.99	12.6±1.57	13.9±1.85	21.8±2.18	31.2±3.63

液体培养基中5株降解菌对石油都具有较高的降解率，但在实际不同盐含量石油污染土壤修复试验中，各菌株除油效果有较大差异，BM38除油效果明显高于BM16、BM26、BM10和BM5。大量研究表明，随着盐含量的增加微生物降解石油烃效率降低。本研究中菌株BM38对含盐量为0.22%和0.61%土壤中的石油降解率均达到40%以上，且差异不大，表明BM38具有一定的耐盐性，在高盐土壤环境中具有较强降解石油污染物的能力。

3.2.3.2　菌株鉴定

对具有较大应用潜力的筛选菌株进行鉴定，可为后续利用奠定基础。以菌株BM38为例对鉴定程序进行介绍。将纯化的菌株接种于牛肉膏蛋白胨固体培养基上，在30 ℃下培养24 h，观察菌落特征。采用革兰氏染色光学显微镜观察，菌株BM38的形态为短杆状，无芽孢，革兰氏阴性，一端丛生鞭毛。菌落呈圆形、边缘不整齐，湿润、白色、表面光滑。其主要生理生化特性见表3-2。

表3-2　菌株BM38主要的生理生化特性

特性	BM38	*Pseudomonas putida*
氧化酶（Oxidase）	+	+
接触酶（Catalase）	+	+
甲基红试验（M. R test）	−	−
V-P 试验（V-P test）	−	−
水解淀粉（Hydrolysis of starch）	−	−
硝酸盐还原（Nitrate reduction）	−	−
产绿脓菌素（Pyocyanin production）	−	−
乙酰胺水解酶（Acetamide hydrolase）	−	+
苯丙氨酸脱氨酶（Phenylalanine deaminase）	−	−
赖氨酸脱羧酶（Lysine decarboxylase）	−	−
精氨酸双水解酶（Arginine digydrolase）	+	+

（续表）

特性	BM38	*Pseudomonas putida*
乌氨酸脱羧酶（Ornithine decarboxylase）	−	−
明胶液化（Gelatin liquefaction）	−	−
葡萄糖利用（Glucose utilization）	+	+
阿拉伯糖利用（Arabinose utilization）	+	+
木糖利用（Xylose utilization）	+	+
果糖利用（Fructose utilization）	+	+
麦芽糖利用（Maltose utilization）	−	−
蔗糖利用（Sucrose utilization）	−	−
乳糖利用（Lactose utilization）	−	−
半乳糖利用（Galactose utilization）	+	+

注：+表示阳性；−表示阴性。

提取菌株 BM38 的基因组 DNA，用通用引物 27F、1492R 进行 PCR 扩增，获得长约 1.5 kb 的 16S rDNA 片段。以纯化试剂盒纯化扩增产物，直接测序获得菌 BM38 的 16S rDNA 相关序列，判读长度为 1 428 碱基，利用 GenBank Blast 软件进行序列同源性比较，结果显示，菌株 BM38 的 16S rDNA 序列与假单胞菌属（*Pseudomonas*）具有高度同源性。根据形态观察、生理生化特征和 16S rDNA 序列比对，鉴定 BM38 为恶臭假单胞菌（*Pseudomonas putida*）。

至今报道的石油降解微生物有很多，主要可分为细菌和真菌两大类。其中，降解石油污染物的细菌主要包括假单胞菌属（*Pseudomonas* sp.）、气单胞菌属（*Aeromonas* sp.）、莫拉氏菌属（*Moraxella* sp.）、诺卡氏菌属（*Nocardia* sp.）、节杆菌属（*Arthrobacter* sp.）、棒状杆菌属（*Corynebacterium* sp.）和黄杆菌属（*Flavobacterium* sp.）等（Thapa et al.，2012）。假单胞菌（*Pseudomonas* sp.）是广泛存在于土壤和水中的一类具有重要功能的微生物，是土壤微生态系统和自然界碳、氮循环的重要组成部分。研究表明，假单胞菌属某些种群能降解石油污染物中各种简单和复杂的烃类物质，如链烷烃、脂环烃和芳香烃等，是修复石油污染环境最具潜力的微生物类群之一。降解石油污染物的恶臭假单胞菌（*Pseudomonas putida*）是较早用于生物修复的微生物种群，1974 年注册了第一例生物修复石油污染环境的专利。1975 年，Grund 等（1975）报道了恶臭假单胞菌氧化链烷烃的作用机理。Raghavan 等（1996）从印度巴拉特石油公司某处石油污染场地分离出一株恶臭假单胞菌，投放到石油污染土壤场地，降解 21 d，土壤石油污染物含量显著降低。Nakamura 等（1996）报道了 *Pseudomonas putida* PB4、*Acinetobacter* sp. T4、*Rhodococcus* sp. PR4 和 *Sphingomonas* sp. AJ1 组成的菌群对阿拉伯地区轻油的降解，其中 *Pseudomonas putida* PB4 主要降解含 C1～C4 侧链的直链烷基苯。Nwachukwu（2001）向被石油污染的农业土壤中添加 *Pseudomonas putida* 和氮、磷等营养物质，降解 63 d 后，土壤中微生物种群数量显著增加，石油污染物几乎全部都被降解。但是，至今关于能降解石油污染物的耐盐恶臭假单胞菌的报道较少。

3.2.3.3　影响微生物菌株石油降解率的因素

（1）盐度　为分析盐胁迫对菌株 BM38 降解石油污染物的影响，以降解培养基为基础，将 NaCl 含量分别设置为 0%、1.0%、2.0%、3.0%、4.0%、5.0%、6.0% 6 个梯度，置于 30 ℃ 恒温摇床 180 r/min 培养7 d，结果见图 3-3。由图 3-3 可以看出，BM38 的石油降解率随培养基 NaCl 含量的增加呈现先升高后降低的趋势。NaCl 含量为 0% 时，石油降解率为 65.7%，当 NaCl 含量增加到 1.0%时，BM38 对石油的降解率升高到 72.6%，随后石油降解率开始降低。通常，随着盐度的增加微生物降解石油类物质的能力降低，这可能是因为盐度的增加改变了微生物的代谢活性，进而减少了微生物可利用的石油类物质类型和数量。Mukherji 等（2004）从阿拉伯海沉积物中分离出的ES1培养物能耐受3.5%盐环境，在含盐量为0.5%的液体培养基中降解柴油的效果最好。BM38在含1.0% NaCl无机盐的培养基中石油降解率最高，这可能与富集期间盐度是1.0%有关。在NaCl含量为3.0%时，BM38对石油的降解率仍达到60%以上，石油降解率较高，这在已报道的研究结果中不多见。海水的盐度一般为3.0%~3.5%，因此可将BM38应用于石油污染海水的生物修复。

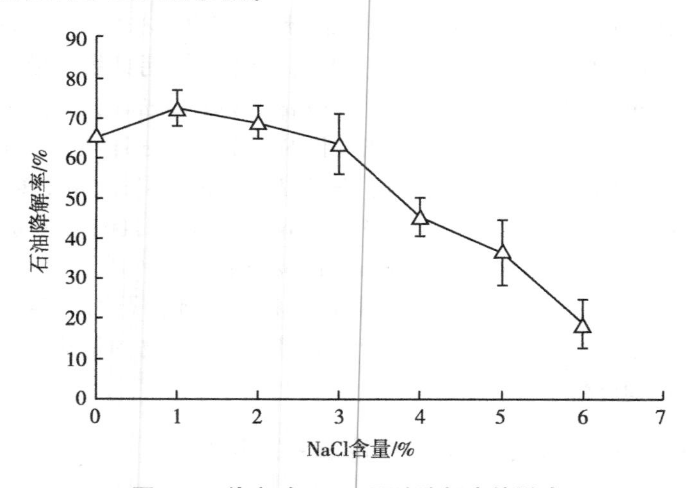

图3-3　盐度对BM38石油降解率的影响

（2）pH　pH是影响微生物生长和代谢的一个重要环境因素，不同微生物适宜的pH存在差异。pH主要影响微生物细胞内的酶活性和土壤营养状况。当土壤pH为6~8时，磷的有效性较高，pH稍高于中性对氮的循环转化有利，可促进微生物的生长代谢。微生物只有在最适pH下才能良好地生长。为确定BM38的最佳生长pH和pH对BM38石油降解的影响，以降解培养基为基础，将初始pH分别调整为5、6、7、8、9、10，置于30 ℃恒温摇床180 r/min培养7 d，测定不同pH条件下石油降解率（图3-4）。

由图3-4可以看出，BM38在初始pH 5~8的范围内，石油降

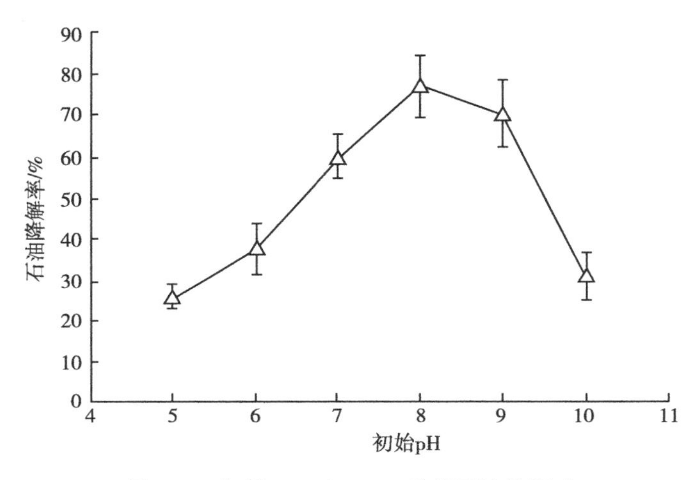

图 3-4　初始 pH 对 BM38 降解石油的影响

解率随着 pH 的升高而增大。BM38 在初始 pH 为 8 时，对石油的降解率最大，达到 77.7%。当初始 pH 超过 8 后，石油降解率随着 pH 的升高而降低。Rahman 等（2002）从石油污染土壤分离出 5 株高效石油降解菌，其中微球菌 GS2-22、芽孢杆菌 DS6-86、棒杆菌 GS5-66 和假单胞菌 DS10-129 降解石油的最适 pH 为 7.5，黄杆菌 DS5-73 降解石油的最适 pH 为 8.5。Salmon 等（1998）研究结果表明，pH 为 7.0 最有利于微生物降解石油污染物。偏酸、偏碱的环境都会影响微生物降解酶的活性、细胞质膜的透性及稳定性，从而影响石油污染物的降解速率。随着初始 pH 的升高，BM38 的石油降解率呈现先升高后降低的趋势，这与很多研究结果一致（Meredith et al.，2000）。在初始 pH 为 5 时，BM38 对石油的降解率仅为 24.4%。BM38 从黄河三角洲盐渍化土壤中筛选所得，在 pH 较低的无机盐培养液中，其氢离子浓度超过了微生物的适应范围，引起了微生物原生质膜的电荷变化，可能降低了石油的生物降解速率。在初始 pH 为 9，BM38 对石油的降解率为 70.1%，当初始 pH 为 10 时，石油降解率降低到 30.0%。结果表明，BM38 在中性以及偏碱性的环境中对石油的降解效果最好，适合对盐渍化石油污染土壤进行生物修复。

(3) *石油浓度* 研究不同石油污染物浓度对BM38降解效率的影响是认识菌株特性的重要内容之一。以无机盐液体培养基为基础，石油浓度分别设置为100 mg/L、200 mg/L、500 mg/L、800 mg/L、1 200 mg/L、1 800 mg/L，pH调整至7.4，接种量10%，置于30 ℃恒温摇床180 r/min培养7 d，考察底物浓度对BM38降解石油的影响，结果如图3-5所示。

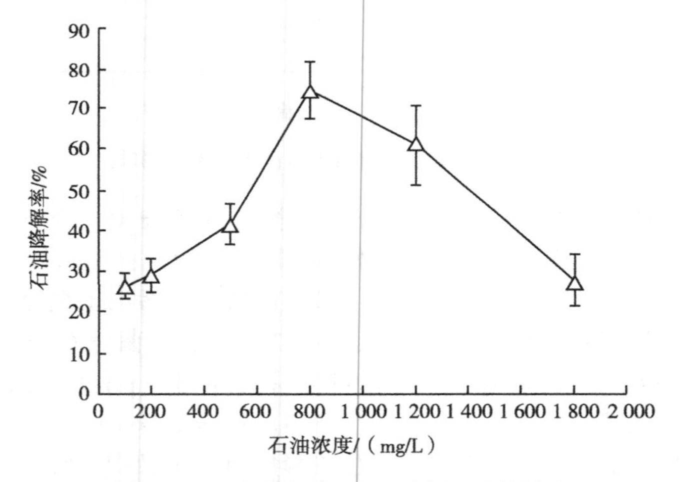

图3-5 石油浓度对BM38降解石油的影响

从图3-5可以看出，石油浓度较低时，降解率随着石油浓度的增加而增加，当石油浓度达到800 mg/L时，降解率达到最大(74.4%)，降解量为595.2 mg/L。微生物对石油的初始浓度较为敏感，浓度过低不能刺激微生物大量生长，菌体数量少，对石油的降解率较低。随着石油浓度的升高，微生物可利用碳源增加，生长繁殖加快，石油降解率迅速增加。当石油浓度为1 200 mg/L时，培养液中石油降解率为60.9%，低于在石油浓度为800 mg/L时的降解率，但降解量达到730.8 mg/L，高于在石油浓度为800 mg/L

时的降解量（595.2 mg/L），表明 BM38 在石油初始浓度为 1 200 mg/L培养液中具有较强的分解石油能力。当石油浓度为 1 800 mg/L时，石油降解率和降解量都降低，分别为 27.4%和 493.2 mg/L，表明高浓度的石油抑制 BM38 的降解效率。Rambeloarisoa 等（1984）从地中海海岸带表层海水中分离出石油降解菌群 EM4，随着石油浓度的升高 EM4 对石油的降解率降低。Ijah（1998）从尼日利亚石油污染土壤中分离出两株石油降解菌 OCS-21和 COU-27 它们对输油管残留石油的降解有相同的趋势。

（4）温度　温度通过影响石油的物理状态、化学组成和微生物本身的代谢活性而影响微生物降解石油的效率。为分析温度对 BM38 降解石油的影响，采用降解培养基，温度分别设置为 20 ℃、25 ℃、30 ℃、35 ℃、40 ℃，置于恒温摇床 180 r/min 培养 7 d。由试验结果(图 3-6)可知，当温度低于 30 ℃时，BM38 的石油降解率随温度升高而增加。当温度达到 30 ℃时，BM38 的石油降解率达到最大（74.5%）。当温度大于 35 ℃时，石油降解率迅速下降。可以

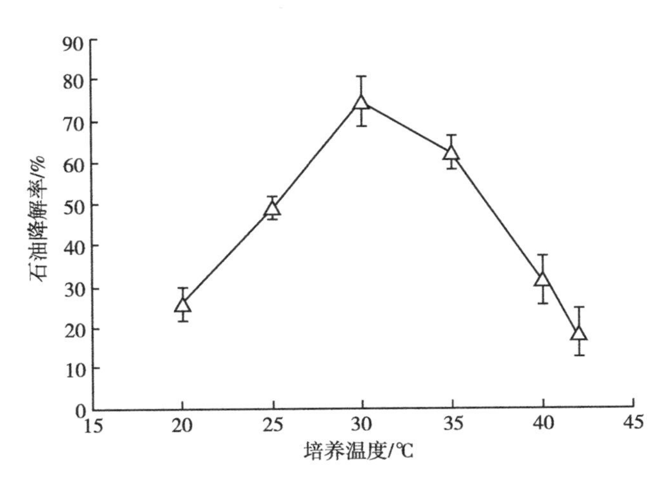

图 3-6　温度对 BM38 降解石油的影响

看出，BM38 降解石油的最适温度为 30 ℃。多数微生物生长和降解石油的最适温度为 30 ℃。Rahman 等（2002）从石油污染土壤分离出的微球菌 GS2-22、芽孢杆菌 DS6-86、棒杆菌 GS5-66、假单胞菌 DS10-129 和黄杆菌 DS5-73 降解石油的最适温度都为 30 ℃。BM38 在 20 ℃的石油降解率为 25.6%，低温能降低石油的黏度，减少烷烃的挥发和油的水溶解度，进而阻碍微生物对石油的降解。温度过高石油污染物的膜毒性增大，对石油降解菌产生抑制作用。

（5）接种量　接种量是影响微生物代谢过程的一个重要因素，对微生物生长的延滞期和生长速率具有一定的影响。采用降解培养基，接种量分别设置为 1%、3%、6%、9%、12%、15%，于 30 ℃恒温摇床180 r/min培养 7 d 后，石油降解率如图 3-7 所示。

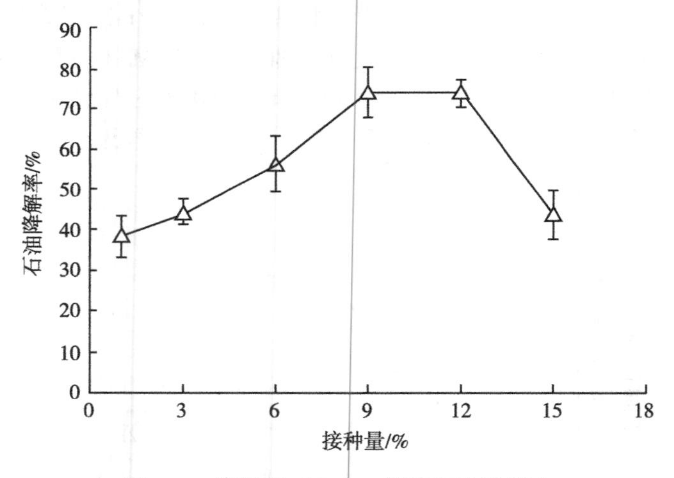

图 3-7　接种量对 BM38 降解石油的影响

随着接种量的增加，BM38 对石油的降解率先增加后降低。在接种量为 9%～12%的范围内，BM38 对石油的降解趋于平稳，石油降解率在 73%左右。当接种量超过 12%后，石油降解率随接种量的增加而降低。表明 BM38 降解石油的适宜接种量为 9%～12%。微生物接种量过多，可能会使降解菌密度在短时间内快速增加，降解了溶于水中的烃类物质，造成后期营养短缺，降解菌的新陈代谢和生长速率减慢，影响微生物对石油的降解。何丽媛等（2010）研究了由GS3C、GY2B、GP3A、GP3B组成的混合菌群对石油的降解及其降解性能，在接种量为4%~8%的范围内，混合菌对石油的降解率较高，达到60%左右；当接种量为16%时，石油降解率降低到40%以下。Song等（2001）研究结果表明，当接种量为8.2%~10.0%时，微生物降解烃类物质的效率最高，这与本研究的结果基本一致。

3.2.3.4 微生物菌株石油降解动力学特征

采用石油浓度为1 g/L的降解培养基，将NaCl含量分别设置为1.0%、3.0%、5.0%，以不接菌的降解培养基为对照，置于30 ℃恒温摇床180 r/min培养，定期取样，测定石油在培养过程中的降解状况，结果如图3-8所示。在NaCl含量为1.0%、3.0%和5.0%的降解培养基中，石油降解率随时间的延长逐渐增加。培养5 d，含1.0% NaCl培养基中石油降解率达到69.7%，含3.0% NaCl培养基中石油降解率达到52.1%，含5.0% NaCl培养基中石油降解率达到26.3%，3种不同NaCl含量培养基中石油降解速率增长都较快，5 d后石油的降解率变化减慢。这可能由于在培养前期，BM38的生长量激增，产生大量乳化剂，使石油形成小油滴（实验中观察到），分散在培养液中，有利于微生物充分接触石油和氧气，促进对石油的降解。降解速率减慢，是由于BM38菌株的生长进入稳定期，剩余的石油组分也越难被微生物降解，对微生物形成反馈抑制。

对图3-8的数据分别进行零级反应和一级反应方程拟合。结果表明，不同NaCl含量培养基中BM38对石油降解的曲线都符合一级反应方程（图3-9）。在含1.0%、3.0%、5.0% NaCl的培养基中BM38降解石油的速率常数分别为0.165，0.141、0.034，表明3.0%盐度对BM38降解石油的速率抑制较小，而5%盐度抑制作用明显。

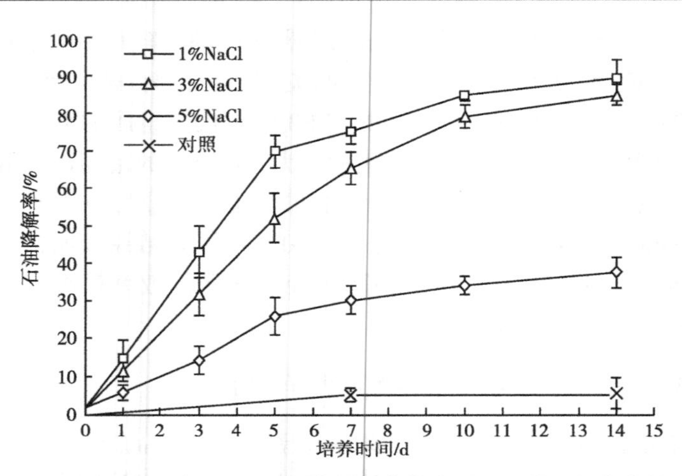

图 3-8 BM38 在不同 NaCl 含量培养基中对石油的降解率变化

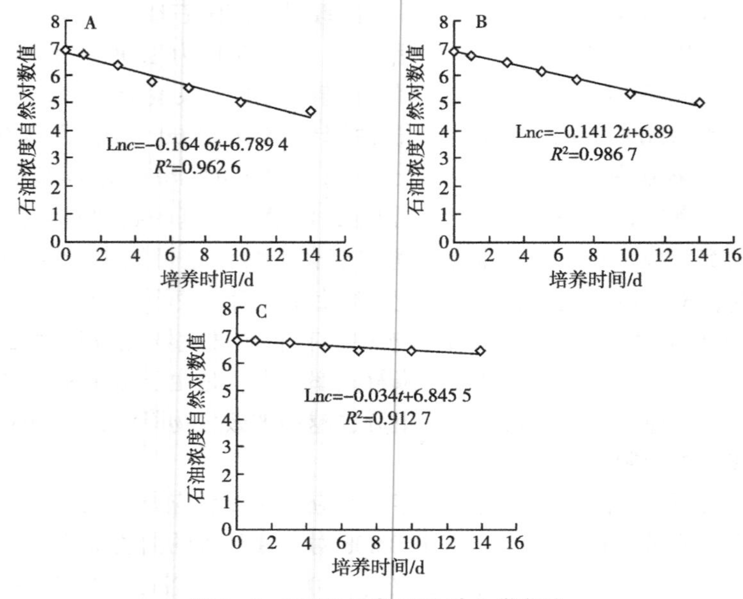

图 3-9 BM38 降解石油动力学曲线

（A：1% NaCl；B：3% NaCl；C：5% NaCl）

3.3 盐渍化石油污染土壤微生物修复机理

微生物是驱动土壤中石油污染物消解的关键因子，自然界中广泛存在着能降解石油烃的微生物，目前已经发现100多个属200多个种，这些微生物能利用石油作为其生长的碳源和能源。1989年，阿拉斯加海域大面积石油污染生物修复成功案例被认为是生物修复发展的里程碑。微生物可以通过生物酶直接作用于石油污染物使其降解转化，而有些微生物可以通过产生表面活性剂来提高石油污染物的生物可利用性，进而增加其降解速率。已经报道的生物表面活性剂有糖脂、脂肽、磷脂、脂肪酸、多糖-脂类复合物和中性脂等，它们具有表面张力低、乳化性能稳定等特性，在石油污染土壤治理中有广阔的应用前景。

3.3.1 耐盐石油降解菌产表面活性剂的鉴定

将采集的土壤样品接入富集培养基中，置于恒温摇床培养7 d后，转接入新鲜的富集培养基中，连续富集3次，最后将得到的富集培养液稀释，涂布于石油平板培养基上，于30 ℃恒温培养5 d。挑取周围产生乳化圈的单菌落，多次划线纯化，得到41株细菌（编号BF1~BF41）。通过摇瓶培养和排油活性测定进行初筛，结果发现，大多数菌株可产生大小不等的排油圈，其中排油圈直径大于4 cm的有20株菌。进一步测定初筛菌株发酵液表面张力和乳化值，结果见表3-3。

表3-3 降解菌发酵液排油圈直径、表面张力和乳化值

菌株	排油圈直径/cm	表面张力/(mN/m)	乳化值(EI_{24})/%
BF1	4.3±0.3	66.7±1.6	20.6±2.5
BF4	5.0±0.2	49.5±1.9	41.4±3.6
BF6	5.7±0.4	51.2±2.7	34.7±4.1

（续表）

菌株	排油圈直径/cm	表面张力/(mN/m)	乳化值(EI_{24})/%
BF9	6.2±0.4	66.7±1.1	5.5±1.9
BF11	4.9±0.5	53.6±0.8	42.1±4.8
BF12	5.8±0.1	46.7±1.9	46.2±2.7
BF14	4.6±0.4	66.3±0.9	95.7±4.4
BF16	5.8±0.6	60.4±1.4	12.3±3.2
BF20	7.2±0.5	41.5±2.4	53.4±3.9
BF21	4.5±0.3	62.6±2.1	8.9±2.9
BF23	6.9±0.3	50.8±2.8	25.4±3.4
BF24	4.0±0.2	67.9±1.2	33.6±1.7
BF27	8.2±0.4	37.9±1.5	52.3±5.8
BF28	5.5±0.5	62.3±1.7	24.7±2.5
BF30	6.7±0.4	56.1±1.3	30.2±3.3
BF31	4.6±0.3	66.7±3.9	32.9±4.1
BF33	5.7±0.4	43.4±2.1	21.4±3.2
BF37	4.8±0.2	60.1±2.4	16.7±2.9
BF40	> 12	28.4±1.6	96.8.±2.7
BF41	6.2±0.1	57.9±1.3	27.3±3.7

注：纯水表面张力为72.3 mN/m，发酵液表面张力为56.8 mN/m。

从表3-3可以看出，20株初筛菌株中BF40发酵液排油圈直径最大。排油圈直径是一种快速、准确测定培养液中表面活性物质含量的方法，一般排油圈直径与表面活性剂含量成正比。BF40发酵液排油圈直径大于12 cm（BF40排油情况见图3-10），表明BF40可产生较多表面活性剂。表面张力和乳化性能是微生物产生物表面活性剂的重要评价指标，通常将发酵液表面张力降低到40 mN/m以下、EI_{24}大于50%作为筛选产生物表面活性剂微生物的标准。BF40可将发酵液表面张力从56.5 mN/m降低到28.4 mN/m，EI_{24}

达到 96.8%，表明 BF40 能高效产生生物表面活性剂。

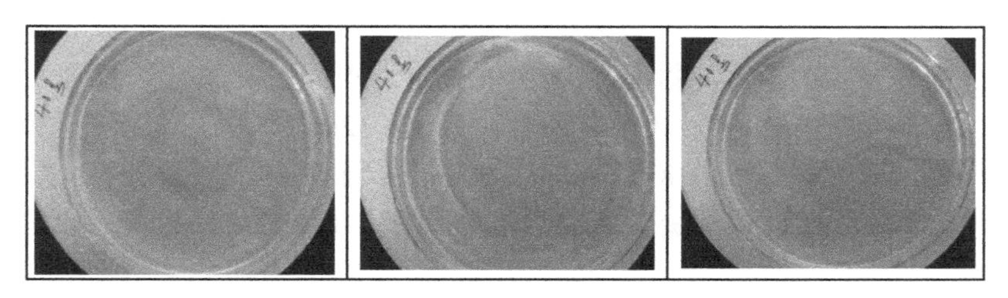

图 3-10　BF40 排油情况（自左至右依次为排油前、中、后阶段）

3.3.2　耐盐石油降解菌 BF40 降解能力及表面活性剂产生特性分析

以石油为唯一碳源，通过液体培养试验初步研究了 BF40 降解石油能力。结果表明，BF40 在含 1.0% NaCl、石油浓度为 1 g/L 培养基中，培养 7 d，石油降解率达到 56.7%，降解效果处于相对较高的水平。

3.3.2.1　碳、氮源与表面活性剂产生

碳、氮源是决定微生物合成生物表面活性剂类型和产量的重要因素，选择合适的碳源和氮源对提高生物表面活性剂的产量具有重要意义。分别选择葡萄糖、蔗糖、淀粉、牛肉膏、柴油、橄榄油、正十六烷为碳源，氯化铵、硝酸钠、尿素、酵母膏和蛋白胨为氮源，考察了不同碳、氮源对 BF40 生长及生物表面活性剂产生的影响。研究结果表明，培养基中不同碳源对 BF40 菌体生长有明显影响，其中，以橄榄油为碳源生长最好，牛肉膏次之，以葡萄糖、蔗糖、淀粉、十六烷和柴油为碳源的菌液浓度较低（图 3-11）。表面张力和乳化值是评价微生物产生物表面活性物质的两个重要指标，可以反映生物表面活性剂的产量。不同碳源对 BF40 发酵液表面张力和乳化值影响较大。以牛肉膏为碳源，发酵液表面张力从

56.7 mN/m 降至 28.4 mN/m；乳化值（EI_{24}）最高，达到 97.6%。以橄榄油为碳源，发酵液表面张力为 49.6 mN/m，EI_{24}为 60.0%。以葡萄糖、蔗糖、淀粉、十六烷和柴油为碳源，发酵液表面张力（56.3~71.3 mN/m）较高，EI_{24}（11.0%~26.3%）低。以酵母膏和蛋白胨为氮源，BF40 菌体的生长好于以硝酸钠、尿素和氯化铵为氮源。以氯化铵为氮源，发酵液表面张力最低，EI_{24}最高。以酵母膏、蛋白胨、硝酸钠和尿素为氮源，发酵液表面张力（55.7~69.0 mN/m）降幅较小，EI_{24}（12.6%~29.3%）低（图 3-12）。结果表明，BF40 合成生物表面活性剂与其利用的碳、氮源类型有关，与其生物量没有直接关系。

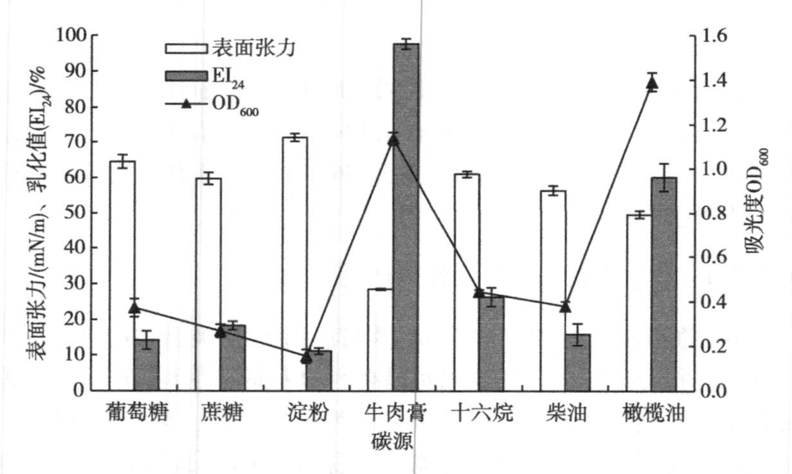

图 3-11　碳源对 BF40 发酵液表面活性和菌体生长的影响

不同微生物产生物表面活性剂利用的碳源类型不同。Kiran 等（2010）报道了真菌 MSF3 以葡萄糖为碳源，以酵母膏为氮源，产生的生物表面活性剂量最高。MSF3 以橄榄油为碳源，以蛋白胨或尿素为氮源不能产生生物表面活性剂。Nie 等（2010）从石油污染土壤中分离得到一株铜绿假单胞菌 NY3，以葡萄糖为碳源发酵液表面活性最高，发酵液表面张力可降低至 32.8 mN/m。Abouseoud

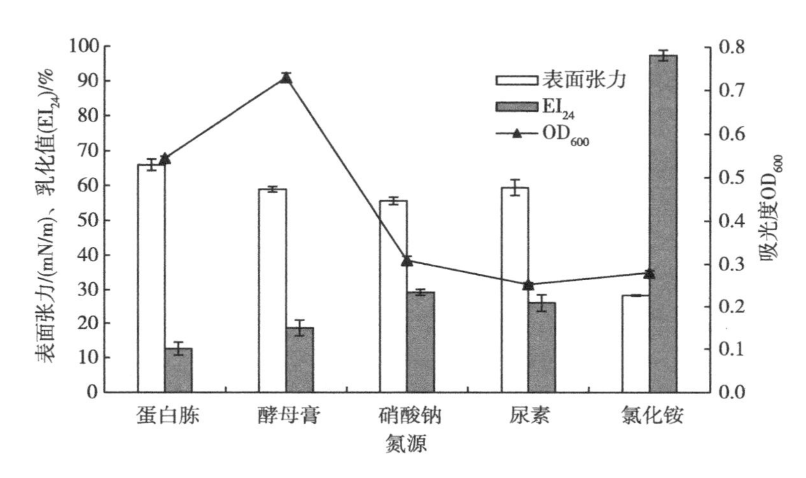

图 3-12　氮源对发 BF40 发酵液表面活性和菌体生长的影响

等（2008）报道了一株荧光假单胞菌 1895-DSMZ 以橄榄油为碳源，以硝酸铵为氮源产生的生物表面活性剂量最高，发酵液表面张力可降低至 31 mN/m，EI_{24}达到 56%。1895-DSMZ 以葡萄糖为碳源不能产生生物表面活性剂，因为葡萄糖促使 1895-DSMZ 分泌糖醛酸等酸性次生代谢物，降低了发酵液 pH，抑制菌体生长。BF40 以葡萄糖、蔗糖、淀粉、十六烷、柴油和橄榄油为碳源，以酵母膏、蛋白胨、硝酸钠和尿素为氮源，发酵液表面张力都大于 50 mN/m。以牛肉膏和氯化铵分别为碳源和氮源，发酵液表面张力可降低至 28. 4 mN/m，EI_{24}达到 97. 6%。

3. 3. 2. 2　pH 与表面活性剂产生

pH 对 BF40 发酵液表面活性和菌体生长影响的研究结果如图 3-13 所示。BF40 具有较宽的 pH 适应范围，最适宜的 pH 生长为 7. 0~9. 5 时，偏酸的环境抑制其生长。pH 为 5. 0~7. 5 时，发酵液的表面张力随着 pH 的升高逐渐降低；pH 为 7. 5~10. 0 时，发酵液表面张力缓慢升高，总体变化范围为 28. 1~44. 7 mN/m。之后又稍微增加，乳化值先增加后降低。pH 为 7.0~9.0 时，发酵液表面张力低于 33 mN/m，EI_{24}高于 85%，表明 BF40 在中性及偏碱性环境生长较好，生物表面活性剂产量高。一般细菌产生生物表面活性剂较适宜的 pH 范围为中性，酸性环境抑制细菌的生长和表面活性剂的产生。BF40 能在中性及偏碱的环境中生长且生物表面活性剂产量较高，可能与其长期生存环境有关。

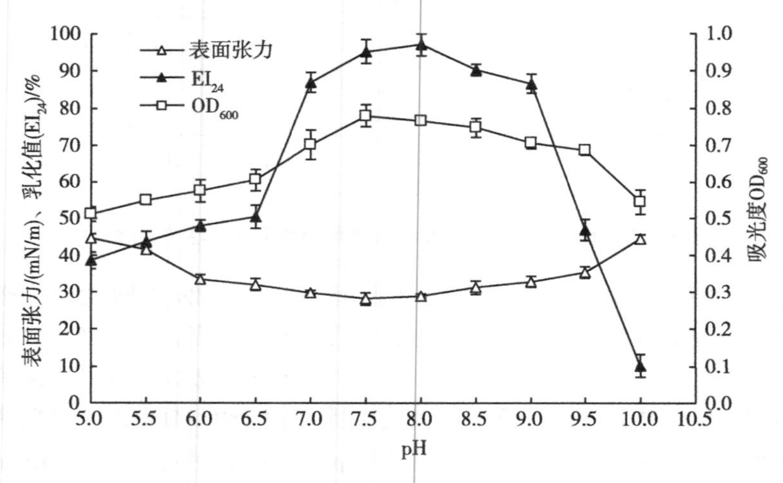

图 3-13　pH 对 BF40 发酵液表面活性和菌体生长的影响

3.3.2.3　盐度与表面活性剂产生

BF40 能在含 0.5%~7.0% NaCl 液体培养基中生长良好，属中度耐盐菌。在含 1.0% NaCl 液体培养基中，降解 7 d 后，石油降解率达到 50%以上。BF40 在不同 NaCl 含量下培养 36 h 后，菌体浓度和发酵液表面活性变化如图 3-14 所示。从图 3-14 可以看出，BF40 在 NaCl 含量低于 7.0%的培养基中生长良好，这与实验室前期研究结果一致。NaCl 含量对 BF40 产生生物表面活性剂有较大影响，但 NaCl 含量对 BF40 发酵液的表面张力和乳化值影响不同。NaCl 含量从 0%~7.0%，发酵液表面张力的变化范围为 28.4~

67.2 mN/m，NaCl 含量低于 3.0%时，发酵液表面张力增幅较小，仅从 28.4 mN/m 上升到 34.6 mN/m，当 NaCl 含量高于 3.0%后，表面张力迅速升高。EI_{24}变化范围为 3.7%~98.6%，当 NaCl 含量大于 1.0%时，EI_{24}开始迅速降低，BF40 在 NaCl 含量为 2.0%时，EI_{24}为 66.9%，仍具有较高的乳化性能。NaCl 含量达到 4.0%时，EI_{24}降低到 8.3%。在高盐条件下，微生物既要忍受长期的高渗透压胁迫，又要承受短期的渗透冲击。盐度从 0.5%升高至 2%，会严重扰乱一般微生物的代谢活动。当盐度>3.0%时，非嗜盐微生物的代谢会受到抑制，使其生物修复效率明显降低，甚至丧失修复能力。BF40 在 NaCl 含量为 2.0%时仍具有较高的乳化性能和较低的表面张力。

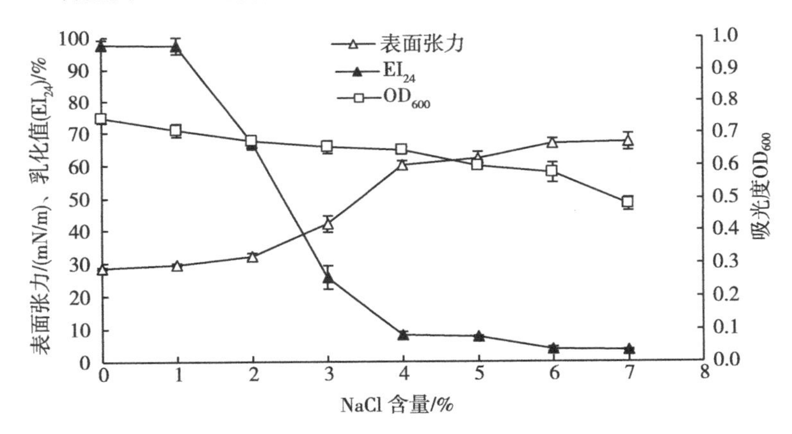

图 3-14　盐度对 BF40 发酵液表面活性和菌体生长的影响

3.3.3　耐盐石油降解菌 BF40 生物表面活性剂产生动力学特征

以无机盐液体培养基为基础，以牛肉膏为碳源，以氯化铵为氮源，置于 30 ℃摇床 180 r/min 培养，隔段时间取样，分析发酵液的表面张力、乳化值和 600 nm 处吸光度变化，结果如图 3-15 所示。BF40 在对数生长期，发酵液表面张力开始降低，当培养到 18 h，

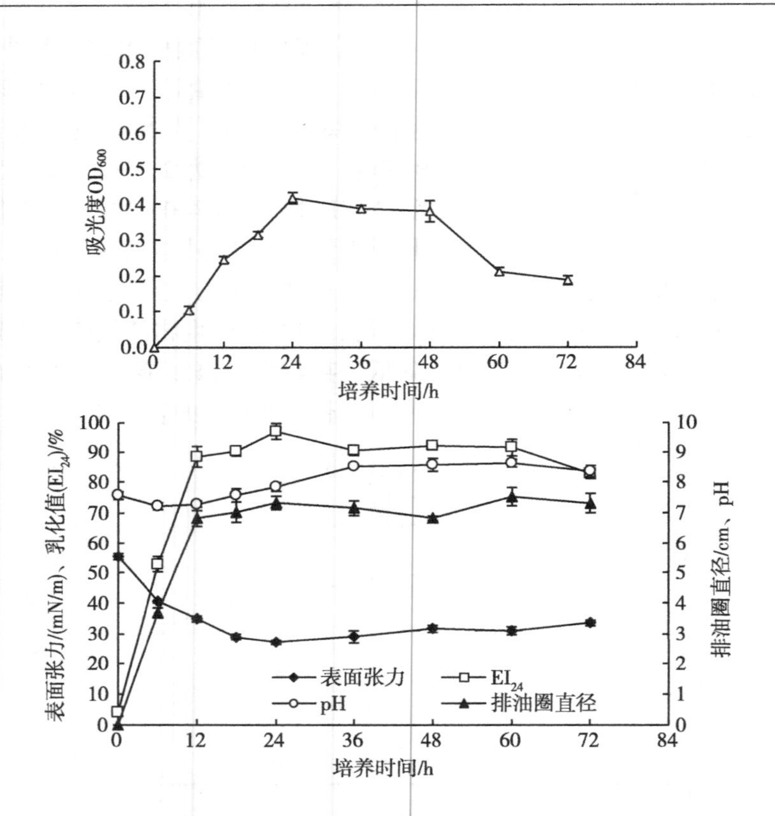

图 3-15　菌株 BF40 表面活性动力学曲线

表面张力降至最低，为 27.4 mN/m，随后表面张力略微升高。在培养 12 h 后，EI_{24}迅速升高至 88.3%；培养 24 h 后，EI_{24}达到最高(97.6%)。排油圈直径是一种快速准确测定培养液中表面活性物质含量的方法，BF40 发酵液排油圈直径变化与 EI_{24}变化趋势基本相同，在培养 12 h 后排油圈直径达到 7.3 cm。在菌株生长稳定期，发酵液表面张力、EI_{24}、排油圈直径变化比较平稳。结果表明，BF40 在对数生长期产生生物表面活性剂。关于微生物细胞生长与产生生物表面活性剂之间的关系，目前还存在较大争议。Patel 等(1997) 发现，铜绿假单胞菌（*Pseudomonas aeruginosa*）在生长受抑制，达到稳定期才产生生物表面活性剂，而更多研究者认为生物表面活性剂的产生与菌体细胞生长相关联。BF40 能在对数生长期将发酵液表面张力降至最低，排油圈直径和 EI_{24} 达到最高，表明 BF40 产生物表面活性剂与细胞生长关联。

3.4　盐渍化石油污染土壤微生物修复技术

土壤中石油污染物生物降解是一个复杂的环境生物化学过程，土壤性质、营养物质、温湿度等都会影响微生物活性和修复效率。外源石油降解菌能否适应复杂的土壤环境，是其强化修复石油污染土壤的关键，土壤中微生物栖存状况以及微生物之间的竞争往往导致修复效果不稳定。盐渍化土壤石油污染治理，在筛选得到耐盐菌株的同时，还应在优化修复环境、复合菌群、营养调控等方面进行探索，集成创建高效的修复方法。

3.4.1　BM38 和 BF40 及其产生的表面活性剂对土壤中石油污染物的联合降解作用

采用室内培养，研究了 BM38、BF40 及其产生的表面活性剂对含盐量为 0.87%、石油污染物含量为 12.1 g/kg 的污染土壤的修复效果。试验处理见表 3-4。

表 3-4　石油污染土壤试验处理

处理编号	处理内容	添加量
A	对照（CK）	无添加
B	BM38	每千克土约含 1×10^{10} CFU BM38
C	BS38	每千克土加入 100 mg BS38
D	BM38+ BS38	每千克土约含 1×10^{10}CFU BM38 和 100 mg BS38
E	BF40	每千克土约含 1×10^{10} CFU BF40
F	BS40	每千克土加入 100 mg BS40

（续表）

处理编号	处理内容	添加量
G	BM38+BF40	每千克土约含 1×10^5 CFU BF38 和 1×10^5CFU BF40
H	BM38+ BS40	每千克土约含 1×10^{10} CFU BM38 和 100 mg BS40

注：BS38 为 BM38 产生的乳化剂；BS40 为 BF40 产生的表面活性剂。

各处理土壤中石油降解率变化见图 3-16。经过 60 d 降解，处理 H（接种 BM38、添加 BS40）石油降解率最高，达到 48.3%。处理 E（接种 BF40）、处理 D（接种 BM38+添加 BS38）、处理 B（接种 BM38）、处理 G（接种 BM38 和 BF40）、处理 F（添加 BS40）与对照相比，石油降解率分别提高了 13.4%、14.5%、16.6%、18.4%、24.6%。处理 F 石油降解率高于处理 E、D、B、G，处理 H 石油降解率高于处理 F，处理 C 石油降解率与对照相比差异较小。结果表明，接种 BM38、添加 BS40 组合处理盐渍化石油污染土壤强化生物修复效果最好，添加 BS40 次之，添加 BS38

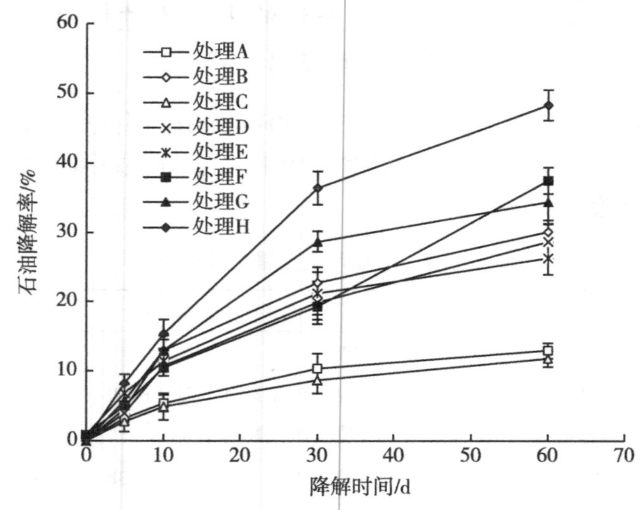

图 3-16　生物修复石油污染土壤过程中石油降解率随时间的变化

抑制土壤中石油污染物的降解。一般外源微生物容易受土壤含水量、温度、pH、营养物质等环境因素以及土著微生物竞争作用的影响而无法生存，接种的外源菌（BF40、BM38、BM38+BS38）可能受到石油污染物作用及土著菌的竞争抑制活性降低，对强化土壤中石油污染物的生物降解不如直接添加 BS40 作用明显。土壤添加 BS40、接种 BM38 与只添加 BS40 相比，提高了石油降解率，表明 BM38 在污染条件下生存适应能力较强，与生物表面活性剂共同作用促进了土壤中石油污染物的降解，生物修复效果较好。添加 BS38 与不加菌的自然体系相比石油降解率差异不大，接种 BM38、添加 BS38 处理与接种 BM38 的石油降解率差异也不明显，表明添加 BS38 对土壤石油降解几乎没有贡献。

3.4.2　BM38 和 BF40 及其产生的表面活性剂对土壤中石油各组分降解的影响

由于土壤中添加 BS38 对土壤石油的生物降解几乎没有贡献，因此，选取处理 A、B、E、F、G、H 进行石油组分进行分析，研究 BM38、BF40、BS40 及其复合作用强化土壤中石油降解的性能。生物修复 60 d 后土壤各处理饱和烃、芳香烃、胶质和沥青质含量见图 3-17。各处理与修复前相比，饱和烃、芳香烃和沥青质含量都有不同程度的降低。其中，处理 H（接种 BM38、添加 BF40）土壤饱和烃含量从修复前的 5. 856 g/kg 降低到 0. 470 g/kg，芳香烃含量从修复前的 3. 327 g/kg 降低到 1. 161 g/kg，沥青质含量从修复前的 0. 738 g/kg 降低到 0. 259 g/kg，修复后这 3 个组分含量明显低于其他处理。单一或复合接种 BM38、BF40，或添加 BS40 能够降低土壤中饱和烃、芳香烃和沥青质的含量，处理 B 土壤修复后芳香烃含量低于处理 E、F。处理 B、E、G、H 土壤沥青质含量低于处理 F。结果表明，BM38 对芳香烃降解效果好于接种 BF40 或添加生物表面活性剂，表明 BM38 对芳烃具有较强的代谢能力，这与前期液体培养试验结果一致。土壤中添加生物表面活性剂

BS40 并接入 BM38 能有效促进土壤中饱和烃、芳香烃和沥青质的降解。接入外源菌对沥青质的降解效果好于添加生物表面活性剂。一些研究表明，土壤中饱和烃在生物修复开始就被迅速降解，芳香烃和沥青质在修复后期才开始降解（Tahhan et al.，2011）。添加生物表面活性剂处理开始修复时土壤中烃类化合物生物可利用性高，土著微生物对饱和烃降解率高，但石油在降解过程中产生的有毒物质影响土著微生物活性和种群数量，抑制修复后期沥青质的生物降解。引入从污染土壤筛选出的高效石油降解菌，能耐受高浓度有毒物质，更能有效促进沥青质降解，这可能是接入外源菌对沥青质降解效果好的原因之一。一般而言，饱和烃最易被微生物降解，其次是低分子量的芳香烃、高分子量的芳香族烃类化合物，胶质和沥青质则极难降解。Chaîneau 等（1995）利用微生物修复被石油污染的土壤，经过 270 d，土壤中 75%的石油被降解；饱和烃中的正构烷烃、支链烷烃在 16 d 内几乎全部降解；22%的环烷烃未被降解；71%的芳香烃被降解；沥青质未被降解。在本研究中接入外源菌 BM38 或 BF40 能有效降解土壤中沥青质，表明它们在土壤石油污染修复中具有较好的应用前景。

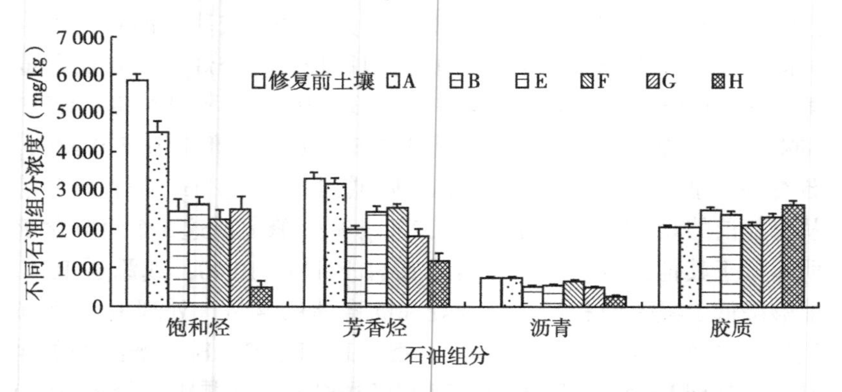

图 3-17　生物修复石油污染土壤 60 d 后土壤中石油各组分含量

从图 3-17 还可以看出，修复后处理 B、E、G、H 的土壤中胶质含量均高于对照。部分石油烃类物质降解导致胶质组分含量增加的现象最早由 Dibble 等在 1979 年报道，Chaîneau 等（1995）在进行营养物质促进土壤微生物菌群修复石油污染土壤的研究中也得到相同结果，Tahhan 等（2011）通过向油泥中添加菌 C1 和 C2 来强化石油污染物的生物降解，修复 82 d，土壤中胶质类物质含量由 1 320 mg/kg增加到 1 769 mg/kg，石油降解过程导致胶质组分含量增加可能是由于在芳香烃和沥青质组分的降解过程中产生了大量高碳有机酸等非烃类质所致。图 3-17 可以看出，处理 B、E、G、H 芳香烃、沥青质的减少与胶质增加趋势一致，表明芳香烃和沥青质组分在降解过程中可能产生了胶质物质。

3.4.3　耐盐石油降解菌株 SPB40 在盐渍化石油污染土壤修复中的应用

菌株 SPB40 能在 NaCl 含量为 7.0%的培养液中生长，其发酵液的表面张力从 53.6 mN/m 降到 31.7 mN/m；发酵液对二甲苯的乳化值（EI_{24}）高达 97.78%。以含盐量为 0.45%、石油含量为 1.0%的土壤为材料，设置对照（CK，不添加菌株和粉碎玉米芯）、仅添加 1.0%粉碎玉米芯（C）、仅添加菌液（B）、添加菌液和粉碎玉米芯（B+C）4 个处理，室内培养 70 d，分析不同处理石油降解率，结果见图 3-18。

从图 3-18 可以看出，仅仅把 SPB40 的菌悬液加入石油污染土壤，石油降解率与 CK 相比差异很小，说明菌株 SPB40 未能在污染土壤中定殖生长，未发挥促进降解的作用。向土壤中添加膨松剂玉米芯后，样品中石油含量大幅降低，表明添加玉米芯后，土壤中的土著微生物数量显著增加，测定土壤脱氢酶活性，发现其活性显著上升，证明了这一推断。向土壤中添加固定有表面活性剂产生菌 SPB40 的玉米芯后发现，与仅添加膨松剂玉米芯相比，石油降解率明显提升。经测定，土壤溶液表面张力有所降低，土壤溶液乳化值、土壤脱氢酶活性均显著提升，表明添加固定有菌株 SPB40 的

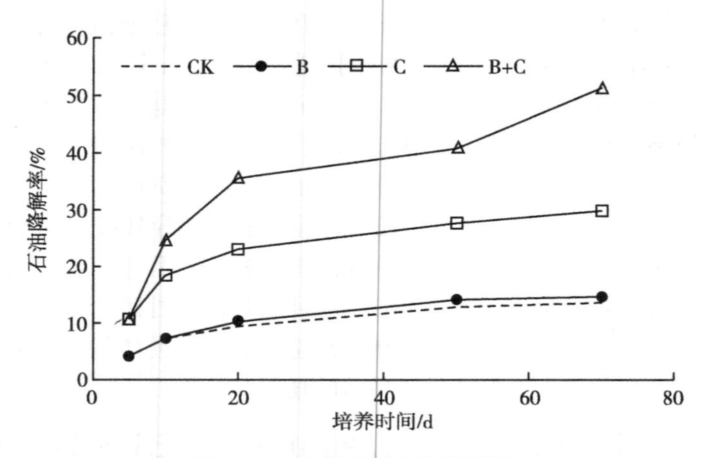

图 3-18　不同处理石油降解率

玉米芯后，外源菌株在土壤中很好地定殖生长，产生表面活性剂，乳化石油，从而有利于土壤中的微生物对石油烃的利用。

主要参考文献

何丽媛, 党志, 唐霞, 等, 2010. 混合菌对原油的降解及其降解性能的研究. 环境科学学报, 30 (6): 1220-1227.

王海峰, 包木太, 韩红, 等, 2009. 一株枯草芽孢杆菌分离鉴定及其降解稠油特性. 深圳大学学报 (理工版), 26 (3): 221-227.

袁红莉, 杨金水, 王占生, 等, 2003. 降解石油微生物菌种的筛选及降解特性. 中国环境科学, 23 (2): 157-161.

ABOUSEOUD M, MAACHI R, AMRANE A, et al., 2008. Evaluation of different carbon and nitrogen sources in production of biosurfactant by *Pseudomonas fluorescens*. Desalination, 223 (1-3): 143-151.

CHAÎNEAU C H, MOREL J L, OUDOT J, 1995. Microbial degradation in soil microcosms of fuel oil hydrocarbons from drilling cuttings. Environmental Science & Technology, 29: 1615-1621.

DIBBLE J, BARTHA R, 1979. Effect of environmental parameters on the biodegradation of oil sludge. Applied and Environmental Microbiology, 37: 729-739.

GRUND A, SHAPIRO J, FENNEWALD M, et al., 1975. Regulation of alkane oxidation in *Pseudomonas putida*. Journal of Bacteriology, 139: 546-556.

IJAH U J J, 1998. Studies on relative capabilities of bacterial and yeast isolates from tropical soil in degrading crude oil. Waste Management, 18 (5):293-299.

KIRAN G S, THOMAS T A, SELVIN G, et al., 2010. Optimization and characterization of a new lipopeptide biosurfactant produced by marine *Brevibacterium aureum* MSA13 in solid state culture. Bioresource Technology, 101 (7): 2389-2396.

MEREDITH W, KELLAND S J, JONES D M, 2000. Influence of biodegradation on crude oil acidity and carboxylic acid composition. Organic Geochemistry, 31:1059-1073.

MUKHERJI S, JAGADEVAN S, MOHAPATRA G, et al., 2004. Biodegradation of diesel oil by an Arabian Sea sediment culture isolated from the vicinity of an oil field. Bioresource Technology, 95 (3): 281-286.

NAKAMURA K S, SUGIURA K, YAMAUCHI-INOMATA Y, et al., 1996. Construction of bacterial consortia that degrade Arabian light crude oil. Journal of Fermentation and Bioengineering, 82: 570-574.

NIE M, YIN X, REN C, et al., 2010. Novel rhamnolipid biosurfactants produced by a polycyclic aromatic hydrocarbon-degrading bacterium *Pseudomonas aeruginosa* strain NY3. Biotechnology Advances, 28 (5): 635-643.

NWACHUKWU S U, 2001. Bioremediation of sterile agricultural soils polluted with crude petroleum by application of the soil bacterium, *Pseudomonas putida*, with inorganic nutrient supplementations. Current Microbiology, 42 (4): 231-236.

OBAYORI O S, ADEBUSOYE S A, ADEWALE A O, et al., 2009. Differential degradation of crude oil (Bonny light) by four *Pseudomonas* strains. Journal of Environmental Sciences, 21: 243-248.

PATEL R M, DESAI A J, 1997. Biosurfactant production by *Pseudomonas aeruginosa* GS3 from molasses. Letters in Applied Microbiology, 25 (2): 91-94.

RAGHAVAN P U M, VIVEKANANDAN M, 1999. Bioremediation of oil-spilled sites through seeding of naturally adapted *Pseudomonas putida*. International Biodeterioration and Biodegradation, 44 (1): 29-32.

RAHMAN K S M, THAHIRA-RAHMAN J, LAKSHMANAPERUMALSAMY P, et al., 2002. Towards efficient crude oil degradation by a mixed bacterial consortium. Bioresource Technology, 85:257-261.

RAMBELOARISOA E, RONTANI J F, GIUSTI G, et al., 1984. Degradation of crude oil by a mixed population of bacteria isolated from sea-surface foams. Marine Biology, 83 (1):69-81.

SALMON C, CRABOS J L, SAMBUCO J P, et al., 1998. Artificial wetland performances in the purification efficiency of hydrocarbon wastewater. Water Air & Soil Pollution, 104:313-329.

SONG J, KINNEY K A, 2001. Effect of directional switching frequency on toluene degradation in a vapor-phase bioreactor. Applied Microbiology and Biotechnology, 56:108-113.

TAHHAN R A, AMMARI T G, GOUSSOUS S J, et al., 2011. Enhancing the biodegradation of total petroleum hydrocarbons in oily sludge by a modified bioaugmentation strategy. International Biodeterioration and Biodegradation, 65 (1):130-134.

THAPA B, KUMAR A, GHIMIRE A, 2012. A review on bioremediation of petroleum hydrocarbon contaminants in soil. Kathmandu University Journal of Science, Engineering and Technology, 8 (1): 164-170.

第四章 黄河三角洲盐渍化石油污染土壤植物修复技术

植物修复是通过促生土著微生物等途径来强化修复效率的，因而具有更强的适应性。对于盐渍化污染土壤修复来说，种植积盐型盐生植物还能够吸取土壤中的盐分，降低土壤盐渍化程度，改良土壤，提高土壤自身的净化能力。石油污染土壤后，土壤微生物群落结构会发生变化，石油类污染物降解菌数量增加。植物进入石油污染土壤系统后，根际区域的微生物群落又会进一步发生改变，这些微生物群落变化信息是认识土壤中微生物消减石油污染物的基础。Al-Mailem 等（2010）发现藜科耐盐植物盐节木根际土壤中耐盐微生物达 8.1×10^4CUF/g，为盐渍化裸地土壤的 14~38 倍，且大多数耐盐微生物具备降解饱和石油烃和芳香烃能力。不同植物根际土壤，根际土壤与非根际土壤间土壤微生物优势种群及降解菌数量也存在很大差别。通过研究盐生（耐盐）植物石油耐受能力，以及不同时期土壤微生物量、群落结构特征、石油降解菌数量，结合土壤中石油降解及残留特征，提出盐生植物利用策略，为构建高效盐渍化石油污染土壤修复体系提供理论与实践依据。

4.1 盐渍化石油污染土壤修复植物筛选

据统计，约有 1%的陆生植物能够在盐渍化土壤中生长，这为盐渍化石油污染土壤植物修复提供了丰富的资源。引入盐生植物是加快污染土壤修复进程的重要途径，但不同植物对石油污染物的耐性不同，修复效应差别很大，且土壤条件、石油组分等因素都会影响植物修复效果。因此，利用盐生（耐盐）植物修复盐渍化石油污染土壤，一要筛选耐盐、高效的修复植物，二要研究修复植物利用策略和途径，以充分发挥其修复潜能。一般认为，耐盐修复植物应具备的条件：①污染物耐受能力强，生物量较高；②根系发达，可以穿透较深的土层，耐受低氧环境。

4.1.1 石油污染物对植物种子萌发的影响

以黄河三角洲6种耐盐野生植物（表4-1）为材料进行试验。

表4-1 6种植物生物学与生态学特征

植物名称	生物学与生态学特征
虎尾草 *Alopecurus pratensis* Swartz	虎尾草属，一年生草本，根须状。高20~80 cm，由于耐盐碱性强，在盐碱化土壤上，夏季生长迅速，可以形成单优势种的虎尾草群落。种子产量高，根系发达，耐盐碱性很强，甚至在碱斑上也生长良好。花期7—11月，果期11—12月。广泛分布于全球温热带地区，在黄河三角洲各地均有分布
大穗结缕草 *Zoysia macrostachya* Franch et Sav.	禾本科结缕草属，多年生草本。大穗结缕草高度耐盐碱，在pH高达8.64、含盐量0.73%的立地条件下生长良好。绿草期185~200 d，分布于黄河三角洲沿海沙滩及沙地。可以作盐碱地草坪或护坡草皮
狗尾草 *Setaria viridis*（L.）Beauv.	狗尾草属，一年生草本。高20~90 cm，是一种适应性强、分布广的植物。盐碱地、酸性土、钙质土都能生长，耐干旱、耐瘠薄。在5月初发芽，9月成熟。在我国各地均有分布，是黄河三角洲的广布种
稗 *Echinochloa crus-galli*（L.）Beauv.	禾本科稗属，一年生草本。高40~100 cm，一般在8月上旬抽穗，9月下旬果熟，生育期120~140 d。适应性强，是我国东北地区稗属中的地方优良牧草之一，在下湿盐碱地区很有栽培前途。在我国南北各省份均有分布，是黄河三角洲的广布种
高羊茅 *Festuca elata* Keng ex E. Alexeev	禾本科羊茅属，多年生草本。高90~120 cm，适应土壤范围广，抗旱、耐涝、耐贫瘠、耐践踏，是盐碱地草坪备受青睐品种。黄河三角洲各地都有栽培
獐毛 *Aeluropus sinensis*（Debeaux）Tzvel.	獐毛属，多年生草本。是盐化低地草甸的重要组成植物，又是我国温和气候区盐生的指示植物。一般4月初发芽，9月下旬至10月上旬开始枯黄。主要分布于我国山东、辽宁、河北、江苏四省，是黄河三角洲沿海盐碱地盐生草甸的主要植物

注：参考谷奉天等（2003）。

共设5个石油污染水平、6种受试植物，共30个处理，每个处理3次重复。具体方法：将供试土壤分别配成石油浓度为Ⅰ组58 mg/kg、Ⅱ组 1 036 mg/kg、Ⅲ组 20 437 mg/kg、Ⅳ组 30 551 mg/kg、Ⅴ组 40 143 mg/kg，每个培养皿装入80 g污染土壤，将种子分别整齐排列在培养皿中，详见表4-2。试验期间加水至土壤湿润。

表4-2　试验设置

编号	植物名称	种子数/粒	发芽温度/℃
A	虎尾草 *Alopecurus pratensis* Swartz	50	25
B	大穗结缕草 *Zoysia macrostachya* Franch et Sav.	50	25
C	狗尾草 *Setaria viridis*（L.）Beauv.	50	25
D	稗 *Echinochloa crus-galli*（L.）Beauv.	50	25
E	高羊茅 *Festuca elata* Keng ex E. Alexeev	50	25
F	獐毛 *Aeluropus sinensis*（Debeaux）Tzvel.	50	25

6种植物在石油污染胁迫下的种子发芽率见图4-1。在石油含量较低（石油浓度为58 mg/kg）土壤中，植物种类不同，发芽率有较大差异。虎尾草、稗种子发芽率在60%以上，狗尾草和高羊茅分别为43.3%和48.0%，大穗结缕草和獐毛种子发芽率低于30%。不同植物种子发芽率受石油污染物的影响不同。虎尾草种子发芽率随着土壤石油浓度的增加而增大，在含40 143 mg/kg石油的土壤中种子发芽率达到87.3%，比在含58 mg/kg石油的土壤中的种子发芽率提高了26%。大穗结缕草种子发芽率随着土壤石油浓度的增加而减小，在含40 143 mg/kg石油的土壤中种子发芽率为8.7%，与含58 mg/kg石油的土壤相比，种子发芽率降低了13%。獐毛种子发芽率随着土壤石油浓度的增加，先增大后减小。狗尾草、稗和高羊茅种子发芽率随着土壤石油浓度的增加没有明显的变化规律，但在一定的石油浓度下其种子发芽率高于石油含量较低的土壤。6种植物种子发芽率与石油浓度的相关性如图4-1所

示。虎尾草种子发芽率与土壤石油浓度之间相关性较大，R^2 为 0. 947 0，呈正相关关系，表明虎尾草对石油污染物耐受性较强。大穗结缕草、獐毛与土壤石油浓度之间相关系数 R^2 分别为 0. 891 3、0. 543 8，呈负相关关系，表明石油污染物对大穗结缕草和獐毛抑制作用较强。狗尾草、稗、高羊茅种子发芽率与土壤石油污染物浓度之间相关性不大，表明 3 种植物种子萌发期对石油污染物不敏感，对石油污染物具有一定耐性。

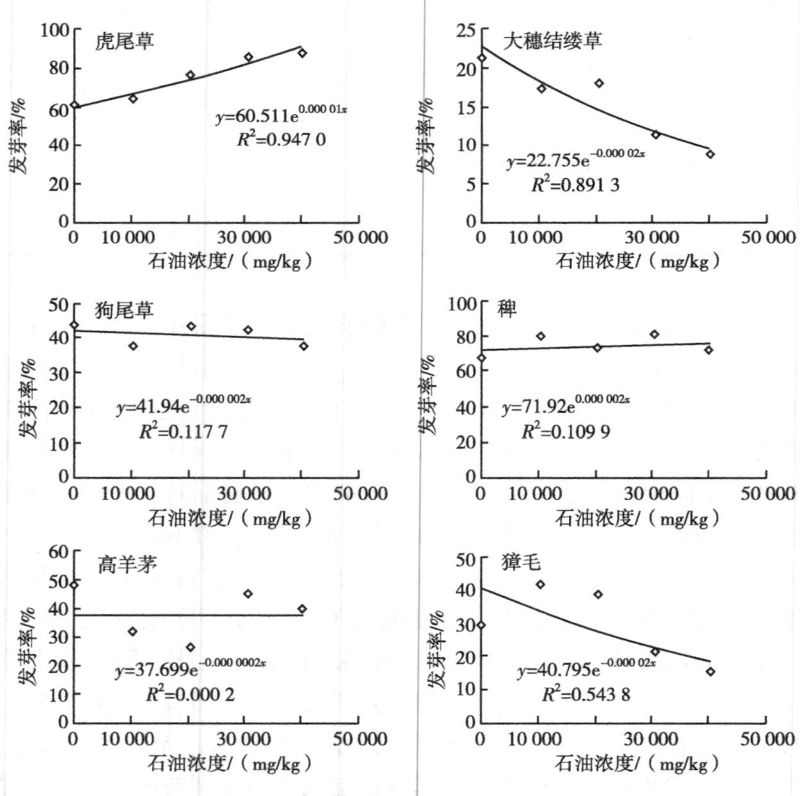

图 4-1　6 种植物种子发芽率与石油浓度的相关性

石油污染物胁迫，能减慢植物种子萌发速率，进而延长它们的萌发时间。植物种子耐性不同，石油污染物胁迫的影响程度表现为明显的差别，耐性较强的种子，其发芽率和发芽时间基本不受污染胁迫的影响或影响较小，而对石油污染敏感的种子的发芽时间受污染影响较大。不同污染浓度石油对6种植物种子发芽时间的影响见图4-2。

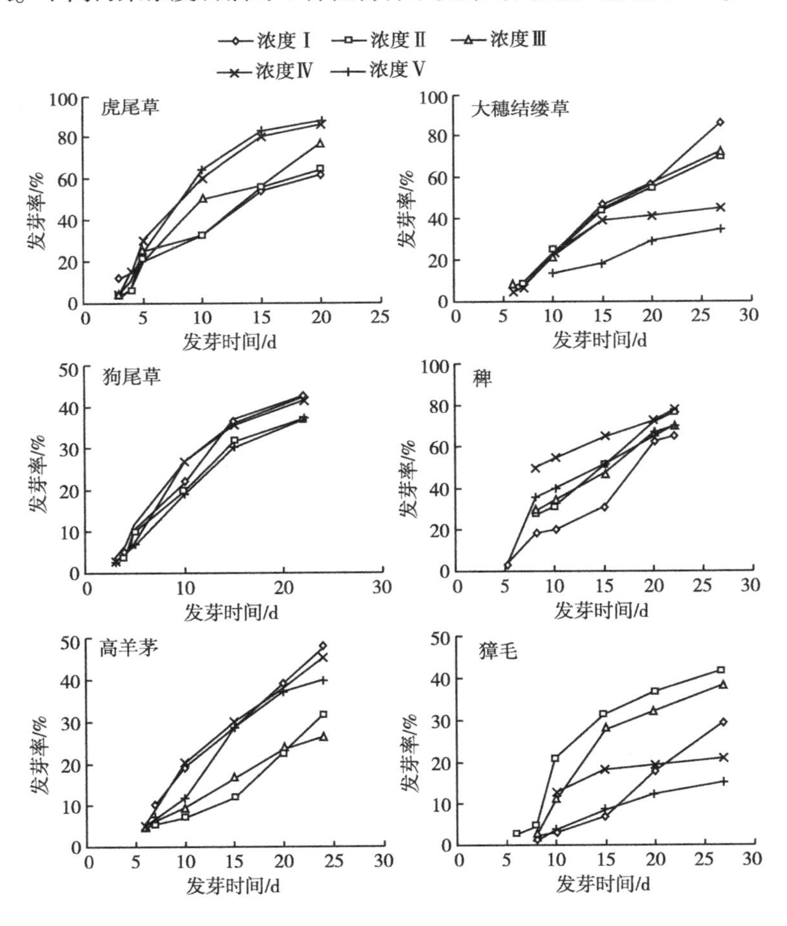

图4-2　不同污染浓度石油对6种植物种子发芽时间的影响

虎尾草、狗尾草在不同的石油污染水平下第 3 d 都发芽，高羊茅在不同的石油污染水平下第 6 d 都发芽。大穗结缕草、稗和獐毛发芽时间受石油浓度的影响，大穗结缕草在含 58 mg/kg、10 316 mg/kg、20 437 mg/kg、30 551 mg/kg 石油的土壤中第 6 d 开始发芽，在含 40 143 mg/kg 石油的土壤中延迟到第 10 d 发芽。稗草在含 58 mg/kg 和 40 143 mg/kg 石油的土壤中第 5 d 发芽，在含 10 316 mg/kg、20 437 mg/kg、30 551 mg/kg 石油的土壤中延迟到第 8 d 发芽。獐毛在含 10 316 mg/kg 石油的土壤中第6 d发芽，在含 58 mg/kg、20 437 mg/kg、40 143 mg/kg 石油的土壤中第 8 d 发芽，在含 30 551 mg/kg 石油的土壤中第 10 d 发芽。虎尾草发芽所需时间最短（20 d），种子萌发未受到抑制，其次为狗尾草、稗和高羊茅，发芽所需时间分别为 22 d、22 d、24 d，大穗结缕草和獐毛所需时间最长，均为 27 d。根据土壤石油浓度对 6 种植物种子发芽率的影响可知，虎尾草对石油污染物的耐性最强，其次为狗尾草、稗、高羊茅，大穗结缕草和獐毛对石油污染物的耐性较差。

4.1.2 石油污染物对植物生长的影响

植物生物量是反映植物能耐受土壤中石油污染物的一个重要参数。选择对石油污染物耐性较强的虎尾草、狗尾草、稗和高羊茅为供试植物，进一步筛选盐渍化石油污染土壤修复植物。不同石油污染浓度水平下 4 种植物整株鲜重和干重见图 4-3。4 种植物的生物量（植株干重）不同，生长 90 d，3 个石油污染浓度水平下虎尾草生物量最大，其次为稗和狗尾草，高羊茅生物量最低。虎尾草植株鲜重低于稗，但植株干重高于稗草。不同石油污染浓度水平对 4 种植物的鲜重、干重影响不同，随着土壤石油浓度的增加，狗尾草、稗和虎尾草植株鲜重、干重都降低，狗尾草、稗在石油浓度为 58 mg/kg（浓度Ⅰ）土壤中，植株鲜重、干重都明显高于石油浓度为 10 615 mg/kg（浓度Ⅱ）和 21 837 mg/kg（浓度Ⅲ）的土壤，在石油浓度为 10 615 mg/kg 与

21 837 mg/kg 的土壤中二者差异不大。虎尾草在石油浓度为 21 837 mg/kg土壤中，植株鲜重低于石油浓度为 58 mg/kg 的土壤，与石油浓度为10 615 mg/kg的土壤差异较小，在 3 个石油污染浓度水平下，植株干重差异不明显，表明虎尾草对石油污染物的耐受性较强。石油污染对高羊茅生物量影响较小，在 3 个石油污染浓度水平下，高羊茅植株鲜重、干重差异较小，表明高羊茅对石油污染物耐受性也较强。

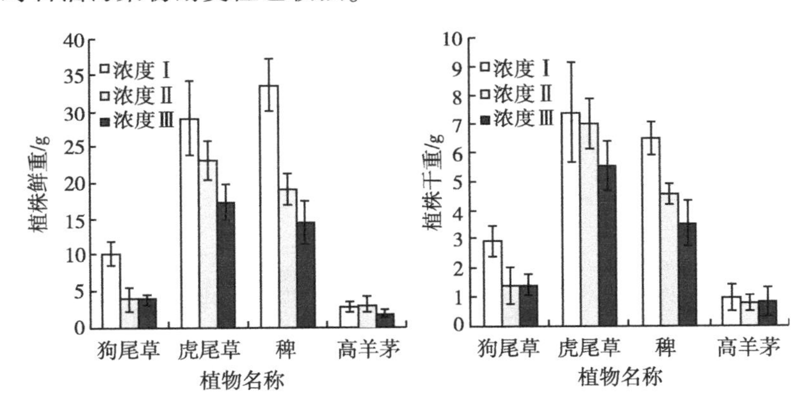

图 4-3　不同石油污染浓度下 4 种植物的植株生物量

植物修复石油污染土壤，根际的降解作用是去除石油污染物的主要方式，根系的发育状况在很大程度上决定了根区的降解效率。不同石油污染浓度水平下 4 种植物根鲜重和干重见图 4-4。可以看出，4 种植物根的生物量不同，生长 90 d，3 个石油浓度水平下稗根生物量最大，其次为虎尾草，狗尾草和高羊茅根生物量较低。不同石油污染浓度水平对 4 种植物根的鲜重、干重影响也不同。狗尾草在石油浓度为 10 615 mg/kg 和 21 837 mg/kg 的土壤中根的鲜重和干重差异较小，但都低于在石油浓度为 58 mg/kg 的土壤中，表明石油浓度为 10 615 mg/kg、21 837 mg/kg 的污染水平抑制狗尾草根系生长。虎尾草根鲜重随着土壤石油浓度的增加而增加，在石油浓度为 21 837 mg/kg 的土壤中根的鲜重高于石油浓度为 58 mg/kg 的土壤，根干重随着石油浓度的增加先增加后减小，但在 3 种石油浓度污染水平下根干重差异较小，表明中浓度石油污染（石油浓度为 10 615 mg/kg）能刺激虎尾草根系的生长，高浓度石油污染（石油浓度为 21 837 mg/kg）对虎尾草根系生长没有表现出抑制作用。稗根鲜重、干重随着土壤石油浓度的增加先升高后降低，在石油浓度为 10 615 mg/kg 的土壤中高于石油浓度为 58 mg/kg 和 21 837 mg/kg的土壤，在石油浓度为 58 mg/kg 和 21 837 mg/kg 的土壤中根的鲜重和干重差异不大，表明中浓度石油污染也能刺激稗根系的生长，高浓度石油污染对稗草根系生长也没有表现出抑制作用。在 3 个石油污染浓度水平下，高羊茅根鲜重、干重差异较小，表明高羊茅对石油污染物耐受性较强。

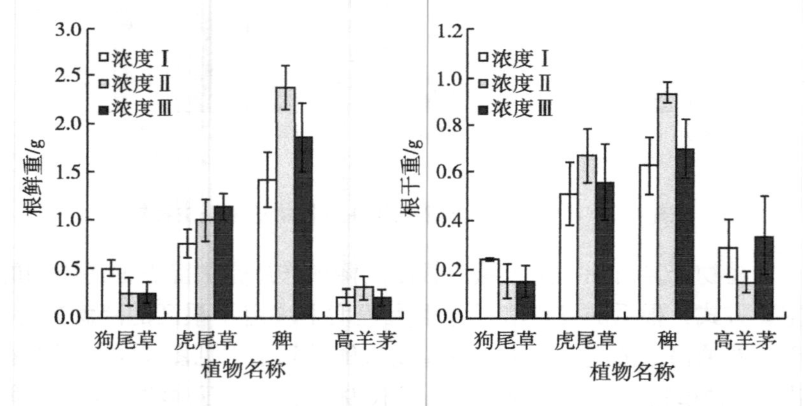

图 4-4　不同石油污染浓度下 4 种植物根生物量

筛选有机污染物的修复植物应具有较大的生物量，试验结果表明，高羊茅、虎尾草和稗对石油污染物具有较强的耐受性，但高羊茅植株、根的生物量相比虎尾草和稗较小，初步认定虎尾草和稗可以作为石油污染土壤的修复植物。

4.1.3　耐盐植物降解石油污染物能力

筛选修复效率高的植物是构建植物-微生物高效修复系统的前提，通过盆栽试验，对4种植物修复石油污染土壤的效果进行研究。4种植物对土壤中石油污染物的降解率见图4-5。经过90 d修复，由图4-5A可以看出，在石油浓度为10 615 mg/kg和21 837 mg/kg的土壤中，4种植物能明显促进石油降解。种植虎尾草的土壤石油降解率最大，修复90 d，在石油浓度为10 615 mg/kg的土壤中石油降解率为29.8%，与对照相比提高了13.6%，在石油浓度为21 837 mg/kg的土壤中降石油解率为23.2%，与对照相比提高了12%。在石油浓度为10 615 mg/kg和21 837 mg/kg的土壤中，虎尾草的石油降解率高于稗、高羊茅和狗尾草。稗与高羊茅的石油降解率差异不大，二者均高于狗尾草。结果表明，4种植物能有效促进渍化土壤中石油污染物的降解，其中虎尾草对盐渍化石油污染土壤修复效果最好，稗和高羊茅次之，狗尾草修复效果一般。由图4-5B可以看出，在石油浓度为21 837 mg/kg的土壤中，4种植物的石油降解率低于石油浓度为10 615 mg/kg的土壤，表明

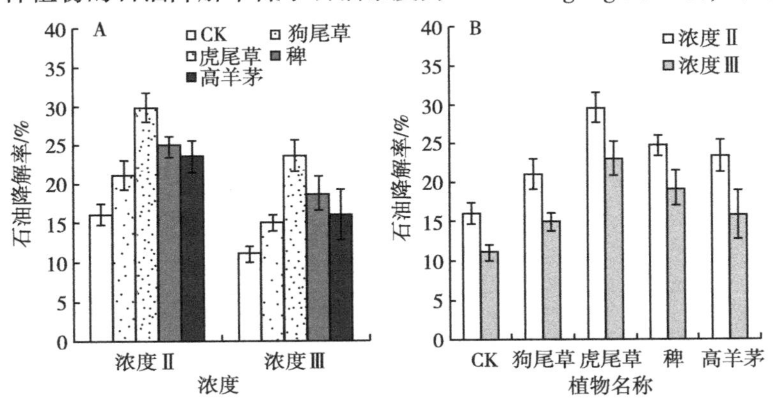

图4-5　4种植物对土壤中石油污染物的降解率

高浓度石油污染物抑制4种植物的修复能力。大量研究表明，种植植物能有效促进土壤中石油类物质的降解（Siciliano et al.，2003），主要机制是植物可直接吸收石油污染物并在其组织中积累非植物毒性的代谢物。另外，植物促进了生物化学反应中酶的能力。Kaimi等（2006）研究了黑麦草强化柴油污染土壤的修复效果，结果表明，经过91 d的降解，种植黑麦草土壤总石油含量比对照降低了4.6%。Peng等（2009）研究了紫茉莉对石油含量为20 000 mg/kg土壤的修复效果，结果表明，经过127 d修复，石油降解率比不种植植物处理提高了26.3%。

从盐渍化土壤中石油污染物对4种植物的发芽、生物量的影响和植物对石油污染物的降解能力来看，虎尾草对石油污染物的耐性较强，生物量较高，强化土壤中石油污染物的降解效果最好，因此，选择虎尾草作为盐渍化石油污染土壤的修复植物。

4.2　盐渍化石油污染土壤植物修复机理

4.2.1　耐盐植物对土壤总异养细菌和石油降解菌数量的影响

试验在直径为18 cm、高20 cm的盆钵中进行，土壤石油污染浓度为10.6 g/kg，土壤含盐量为0.41%。共设4个处理，各试验处理见表4-3。

表4-3　植物修复不同处理

处理编号	处理内容	添加量
CK	粉碎玉米芯	3 kg土、200 g玉米芯
MSX	BM38+ BS40+玉米芯	3 kg土、每千克土约含1×10^{10} CFU BM38和100 mg BS40、200 g玉米芯
HX	虎尾草+玉米芯	3 kg土、200 g玉米芯、种植虎尾草

（续表）

处理编号	处理内容	添加量
MSHX	BM38+ BS40+虎尾草+玉米芯	3 kg 土、每千克土约含 1×10^{10} CFU BM38 和 100 mg BS40、200 g 玉米芯、种植虎尾草

土壤中总异养细菌数量采用稀释平板法测定，石油降解菌以柴油为底物采用稀释培养测数法（MPN）测算。不同处理土壤中总异养细菌数量动态变化见图 4-6A。可以看出，各处理土壤中总异养细菌数量均明显增加。修复过程中，所有处理细菌变化的总体趋势是在修复前期（0~30 d）数量快速增加，在 30 d 以后，细菌数量下降，这与刘五星等（2010）研究结果相似。总体上，不同处理土壤中总异养细菌数量由大至小依次为 MSHX>HX>MSX>CK。不同处理土壤中石油降解细菌数量动态变化见图 4-6B。可以看出，对照土壤在修复前 10 d，土壤石油降解菌数量迅速增加，在 10 d 以后，石油降解菌数量逐渐降低，表明原土壤中存在一定数量的土著石油降解菌。处理 MSHX、MSX 、HX 在修复前 30 d 石油降解菌数量快速增加，都达到最大值，其中处理 MSHX 石油降解菌数量最多，从最初的 1.9×10^2 MPN/g 增加到 2.9×10^7 MPN/g。在30 d以后，处理 MSHX 石油降解菌数量变化不大，处理 MSX 石油降解菌数量下降，在 120 d，处理 MSX 石油降解菌数量下降到 1.5×10^5 MPN/g。植物根系分泌物和污染物质能改变土壤微生物种群结构和活性。一般种植植物的土壤中微生物数量高于不种植植物土壤。不种植植物处理（CK 和 MSX）土壤总异养细菌和石油降解菌数量在 30 d 后降低，而种植植物处理（HX 和 MSHX）土壤中总异养细菌和石油降解菌数量在 30 d 后基本不变。在 120 d，处理 HX 石油降解菌数量与处理 MSHX 差异不大，表明种植虎尾草比接种外源菌和添加生物表面活性剂更能促进石油降解菌的生长繁殖。土壤中植物分泌的类似于污染物的化感物质，能使微生物耐受有毒物质，植物根系分泌一些可溶性的糖、有机酸和氨基酸能明显促进根际周围

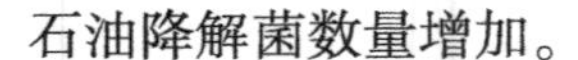
石油降解菌数量增加。

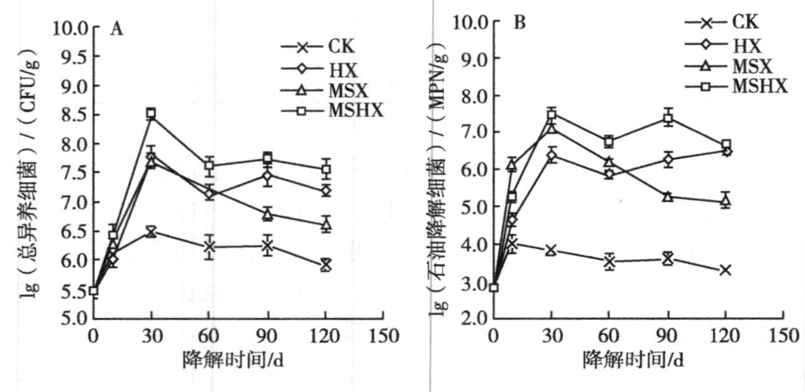

图 4-6　生物修复过程中土壤微生物数量动态变化

4.2.2　耐盐植物对土壤脱氢酶活性的影响

脱氢酶是土壤微生物活性的表征，能反映土壤微生物数量及其对有机污染物质的降解活性，常用来评估土壤中有机污染物的生物降解能力。不同处理土壤中脱氢酶活性动态变化见图 4-7。各处理土壤中脱氢酶活性均呈现先升高后降低的趋势。处理 MSX 和 CK 在 30 d 土壤脱氢酶活性达到最大，分别为 45.4 μg/（g·h）和 19.7 μg/（g·h）,30 d 以后脱氢酶活性降低。处理 MSHX 和 HX 在 60 d 土壤脱氢酶活性达到最大，分别为 54.9 μg/（g·h）和 42.7 μg/（g·h），随后脱氢酶活性降低。在修复后期（90～120 d），各处理土壤脱氢酶活性从高到低顺序为 MSHX>HX>MSX>CK，这与土壤中总异养细菌的数量顺序一致。在修复前 60 d，处理 MSX 脱氢酶活性高于处理 HX，在修复后期（90～120 d），处理 MSX 脱氢酶活性低于处理 HX，表明盐渍化土壤中接种石油降解菌和添加生物表面活性剂在修复后期对提高土壤脱氢酶活性作用很有限，而种植虎尾草能保持较高的土壤脱氢酶活性。相关分析表明，土壤脱氢酶活性与土壤微生物的数量呈显著的正相关关系，其中与土壤中

异养细菌数量 R^2 为 0.741 5，与石油降解菌数量 R^2 为 0.791 7。接种石油降解菌 BM38、添加生物表面活性剂 BS40 和膨松剂玉米芯、种植虎尾草组成的植物-微生物复合修复系统能有效去除盐渍化土壤中石油污染物，原因在于该复合系统一方面能提供微生物生长所需的较适宜环境，提高土壤中微生物数量和对石油污染物的降解活性；另一方面，添加生物表面活性剂能提高污染物的生物可利用性。

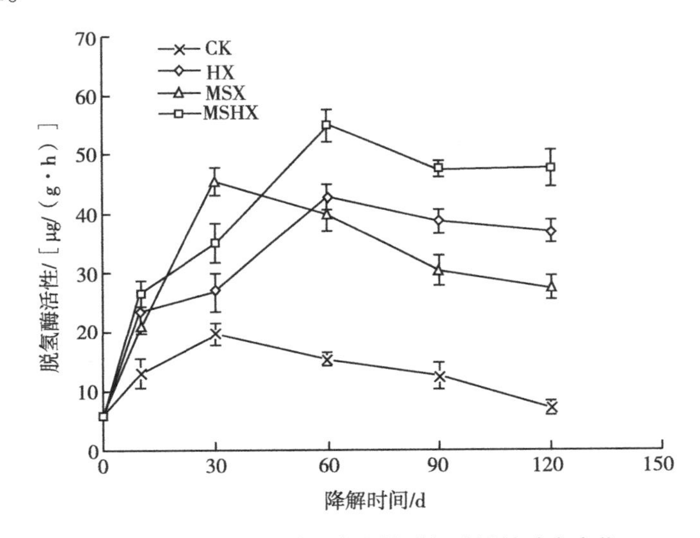

图 4-7　生物修复过程中土壤脱氢酶活性动态变化

4.2.3　耐盐植物对根际土壤不同石油降解微生物的影响

以狗尾草（*Setaria uiridis* Beauv.）、苜蓿（*Medicago sativa*）2 种耐盐植物为材料，研究根际土壤中不同石油降解微生物的变化。试验采用根袋种植的方式，在塑料钵（直径 16 cm，高 14 cm）中进行。污染土壤石油污染物含量为 0.0%（CK）、0.5%、1.0%、1.5%、2.0%，石油污染物组成见表 4-4。狗尾草、苜蓿分别播种在不同污染程度土壤中，与未种植处理比较石油降解微生物种群的变化。播种 100 d 后采收，根袋土壤作为根际土壤，未种植植物的土壤作为非根际土壤。采用氯仿熏蒸方法测定土壤微生物生物量碳(MBC)，采用 MPN 技术测定土壤总石油降解菌、脂肪烃降解菌、芳香烃降解菌的量，具体见鲁如坤（2000）、Horel 等（2012）。

表 4-4　石油污染物主要组成

石油组分	含量/%	石油组分	含量/%
饱和烃	55.4	沥青质	12.1
芳香烃	24.5	胶质	7.0

MBC 用来表征土壤微生物群体的规模，结果表明（图 4-8），狗尾草、苜蓿根际土壤 MBC 较非根际土壤分别增加了 0.89 倍、2.03 倍，狗尾草根际土壤 MBC 较苜蓿高，在 1.5%、2.0%土壤中达到了显著水平（$P<0.05$）。因此，植物生长大幅提高了土壤微生物的量。随着石油污染物含量升高，土壤 MBC 明显下降，表明随着污染程度的增加，微生物生长受到的抑制作用增强。

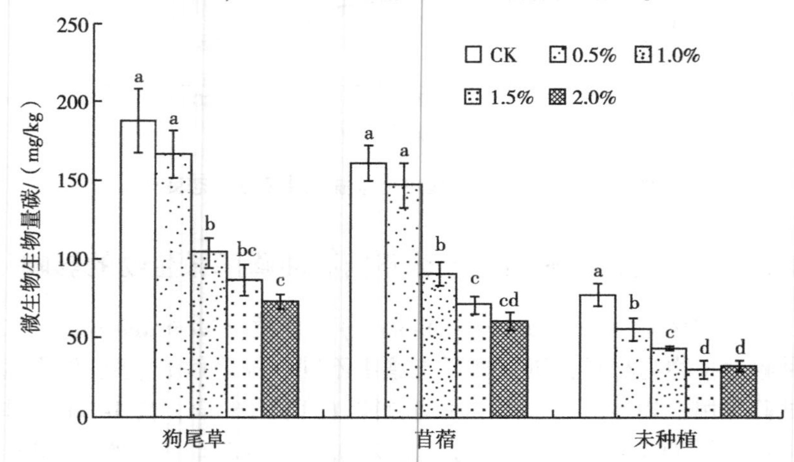

图 4-8　不同处理土壤微生物生物量碳变化

注：柱上不同字母表示不同处理间差异显著（$P<0.05$）。

不同处理石油降解菌的变化见图 4-9。土壤污染后，3 种石油降解菌的量显著增加，根际土壤石油降解菌数量与非根际土壤相比显著增加（$P<0.05$）。同时，脂肪烃降解菌较总降解菌、芳香烃降解菌数量大幅上升，这可能一方面与 MPN 测定方法有关，3 种降解菌分别以脂肪烃、石油、芳香烃作为底物进行分析；另一方面，土壤中能够利用脂肪烃的微生物数量较其他 2 种底物多。随着污染物污染浓度的增加，3 种降解菌呈现先升后降的变化趋势，最大值多出现在 1.0%~1.5%。

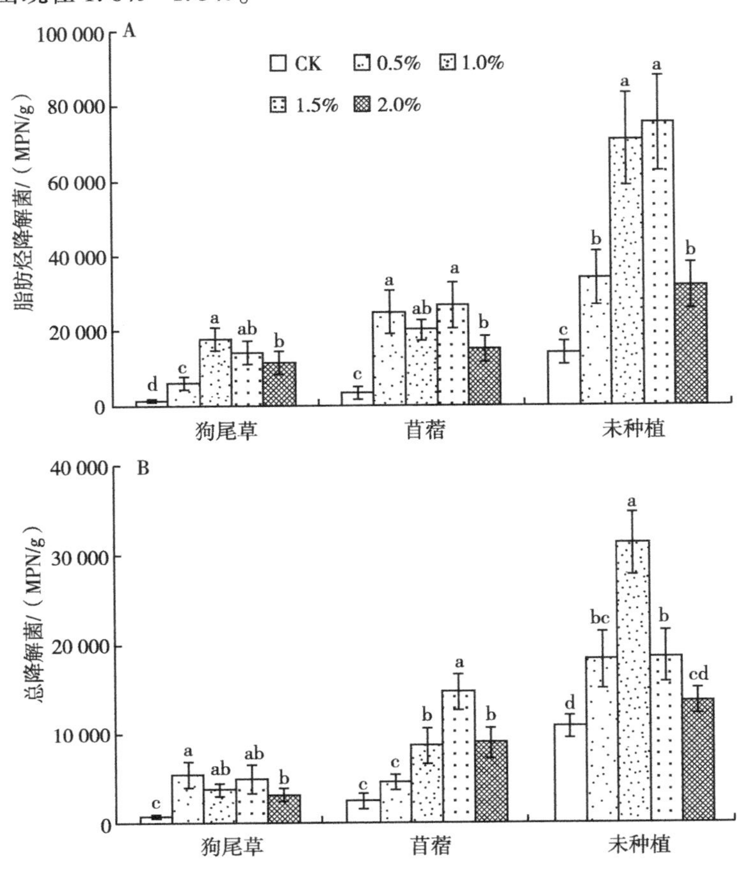

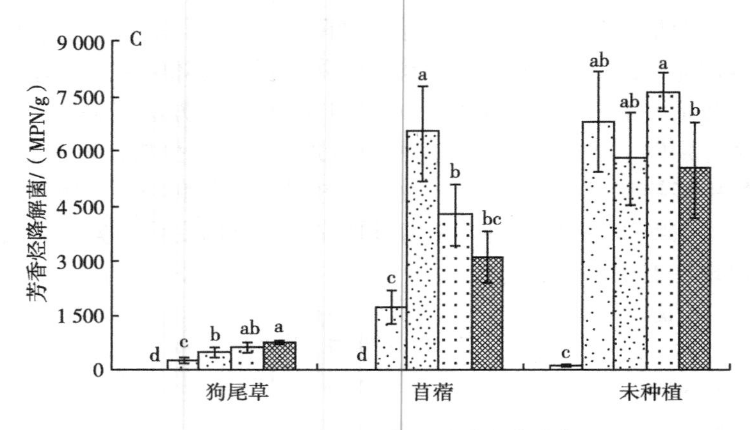

图 4-9　不同处理土壤石油降解菌变化

注：柱上不同字母表示不同处理间差异显著（*P*<0.05）。

与对照土壤比较，脂肪烃降解菌在非根际土壤中增加了3.21~11.62倍，在苜蓿根际土壤中增加了3.55~7.08倍，在狗尾草根际土壤中增加了1.26~4.40倍；与未种植处理非根际土壤相比，狗尾草根际土壤脂肪烃降解菌数量增加了1.80~9.00倍，苜蓿根际土壤增加了0.33~3.18倍；狗尾草根际土壤脂肪烃降解菌较苜蓿根际土壤显著升高（*P*<0.05；图4-9A）。总石油降解菌在非根际土壤增加了2.86~5.58倍，在苜蓿根际土壤增加了0.89~5.11倍，在狗尾草根际土壤增加了0.27~1.90倍；与未种植处理的非根际土壤相比，狗尾草根际土壤总石油降解菌数量增加了3.42~13.44倍，苜蓿根际土壤增加了0.27~3.50倍；狗尾草根际土壤总石油降解菌较苜蓿有所增加（图4-9B）。在未种植、苜蓿处理中，芳香烃降解菌数量在MPN检测限以下；与未处理非根际土壤相比，在苜蓿根际土壤增加了3.12~11.75倍，在狗尾草根际土壤增加了6.30~25.00倍；除0.5%处理外，狗尾草芳香烃降解菌数量较苜蓿根际土壤增加（图4-9C）。

随着石油污染物的进入，土壤中脂肪烃降解菌、总石油降解菌、芳香烃降解菌分别增加了 2.26～12.26 倍、1.27～6.58 倍、3.12～25.0 倍，可见，芳香烃降解菌的增幅最大，这说明修复植物生长最有助于芳香烃污染物的消减。同时，3 种降解菌的数量依次为脂肪烃>总石油>芳香烃，表明了土壤中不同石油组分降解的难易程度。不同修复植物能够影响根际土壤微生物种群的大小与组成（Badri et al.，2009），本试验结果表明，狗尾草根际效应较苜蓿要强，这可能与其较高生物量、根系分泌物及发达根系体系有关（Mukherjee et al.，2013；Liu et al.，2015），在盐渍化石油污染土壤修复中有更大应用潜力。

4.2.4　耐盐植物降解石油组分菲的过程解析

土壤含盐量为 0.27%，菲的浓度设为 100 mg/kg，6 种植物：狗尾草［*Setaria viridis*（L.）Beauv.］、牛筋草［*Eleusine indica*（L.）Gaertn.］、虎尾草［*Alopecurus pratensis* Swartz］、稗［*Echinochloa crus－galli*（L.）Beauv.］、高羊茅（*Festuca elata* Keng ex E. Alexeev）、盐地碱蓬［*Suaeda salsa*（L.）Pall］，种子经去离子水淋洗、催芽后，播种于含水量为田间持水量 60%的盆栽土壤中，每盆播种 12 粒，出苗后定苗 6 株，每个处理重复 4 次。在盆栽试验期间，土壤水分维持在田间持水量的 60%，在可控玻璃温室中进行为期 60 d 的盆栽试验。白天温度 20～30 ℃，夜间温度 15～20 ℃。植物生长 60 d 后采收，盆栽土壤混匀后，风干脱水，并过 0.25 mm 筛后，采用 1∶1 的丙酮和正己烷提取，利用气相–质谱联用仪测定土壤中菲及其降解产物。分析条件如下。

色谱柱：HP–5 石英毛细柱（30 m×250 μm×0.25 μm）。载气为 He，流量 1 mL/min；进样口温度 290 ℃，接口温度280 ℃，柱温为 80 ℃，保持 2 min 后，以 6 ℃/min 的速率升温至 290 ℃，保持 5 min。进样量 1.0 μL，不分流。定性分析采用全扫描方式，质量扫描范围 15～500 amu。定量分析采用选择性离子检测（SIM）（菲的定量离子质量数 178，定性离子质量数 176、179）；电离方式 EI，电子轰击能量 70 eV，倍增电压 929.4 V，离子源温度 250 ℃。

4.2.4.1 不同植物对污染土壤中菲的去除率

不同植物处理土壤菲的去除率与无植物对照土壤菲去除率的差值反映了植物本身对菲的降解作用。从表 4-5 可以看出，6 种不同的野草均可以促进土壤中菲的降解，但不同植物种类对菲的降解能力有所不同。其中虎尾草、狗尾草和牛筋草表现出对土壤中菲较强的去除作用，去除率分别达到了 81.53%、78.02%和 76.01%；盐地碱蓬对土壤中菲的降解能力最弱，去除率为 42.86%，与无植物对照相比仅提高 2.56%；稗、高羊茅的降解能力居中，去除率分别为 62.59%、54.89%。因此，虎尾草、狗尾草、牛筋草对土壤中菲的降解能力显著高于稗、高羊茅显著高于盐地碱蓬（$P<0.05$），虎尾草、狗尾草、牛筋草之间差异不显著，稗和高羊茅对土壤中菲的降解能力也无明显差异。

表 4-5 不同植物对土壤中菲的去除率 单位：%

指标	狗尾草	牛筋草	虎尾草	盐地碱蓬	稗	高羊茅	对照
去除率	78.02±2.11a	76.01±4.01a	81.53±3.22a	42.86±4.31c	62.59±4.29b	54.89±4.2b	40.30±4.55c
差值[a]	37.72	35.71	41.23	2.56	22.29	14.59	0

注：[a]表中差值的数据为植物处理土壤菲去除率与无植物对照土壤菲去除率的差值；同一行中不同字母表示处理间差异显著（$P<0.05$）。

4.2.4.2 菲降解途径解析

对土壤中菲降解途径进行解析，有助于揭示菲的降解机制。利用气质联用仪分析，其总离子流见图 4-10。

应用 NIST98.L 数据库进行检索与标准谱图对比，并结合文献查阅和手工分析进行色谱峰的定性，确定了组分的种类、保留时间、相对百分含量及相似度，结果见表 4-6。种植不同植物污染土壤中菲的降解产物基本相同，因此仅以种植虎尾草处理为例对污染土壤中菲的降解途径加以说明。

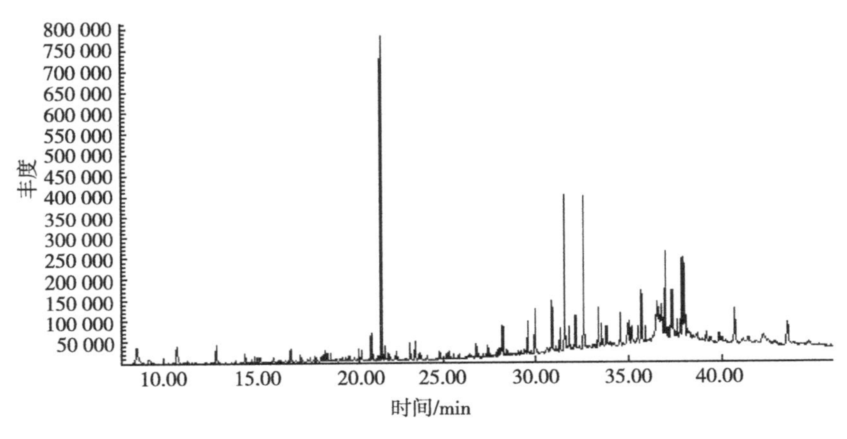

图 4-10　菲降解产物的总离子流图

表 4-6　土壤中菲降解产物分析

峰序号	保留时间/min	有机物名称	相对百分含量/%	相似度/%
1	8. 523	正十二烷	3. 62	94. 7
2	10. 680	正十三烷	2. 11	89. 6
3	12. 803	正十四烷	1. 57	94. 8
4	16. 802	正十六烷	0. 75	90. 9
5	21. 122	菲	1. 52	98. 0
6	21. 672	邻苯二甲酸异丁酯	19. 26	94. 6
7	21. 849	正十八烷	0. 92	91. 1
8	23. 211	邻苯二甲酸二正丁酯	0. 82	94. 5
9	23. 497	9-十六烯酸乙酯	1. 08	86. 2
10	26. 764	正十九烷	0. 77	84. 9

（续表）

峰序号	保留时间/min	有机物名称	相对百分含量/%	相似度/%
11	28.183	正二十二烷	1.38	92.0
12	29.545	正二十四烷	1.90	90.7
13	29.951	正二十六烷	3.64	88.3
14	30.861	正二十七烷	3.27	90.9
15	31.279	正十八醛	1.61	85.6
16	31.531	邻苯二甲酸异辛酯	9.92	96.7
17	32.555	正十六烷酸	10.25	92.0
18	33.339	正二十八烷	2.85	84.9
19	34.512	正十六烷酸甲酯	2.15	89.8
20	35.650	正十六烷酸乙酯	3.37	85.2
21	36.932	5-麦角甾烷醇酸乙酯	6.74	88.8
22	37.310	正十八烷酸丁酯	2.59	87.1
23	37.865	正三十六烷	5.54	87.8
24	37.985	正三十七烷	4.97	87.5
25	40.657	对羟乙基苯甲酸乙酯	3.48	86.1
26	43.495	正二十烷醛	3.93	80.5

由表4-6可知，菲的降解产物主要有长链正代烷烃、邻苯二甲酸酯类、长链正代醛、长链有机酸和其他有机物。可以推测，在植物和微生物的共同作用下，本试验中菲主要按照邻苯二甲酸途径进行降解，降解途径：菲先被转化成1-羟基-2-萘酸，然后转化成1-萘酚，开环后生成邻苯二甲酸酸类（图4-11）。表4-6中的长链正代烷烃可能是菲通过复杂的自由基反应生成，进一步分解后的烷烃自由基与邻苯二甲酸反应生成邻苯二甲酸酯类；而长链正代烷烃在某个环节被氧化就得到了长链正代醛和长链有机酸。这些中间产物都可进一步代谢，进入三羧酸循环，最终形成二氧化碳和水。

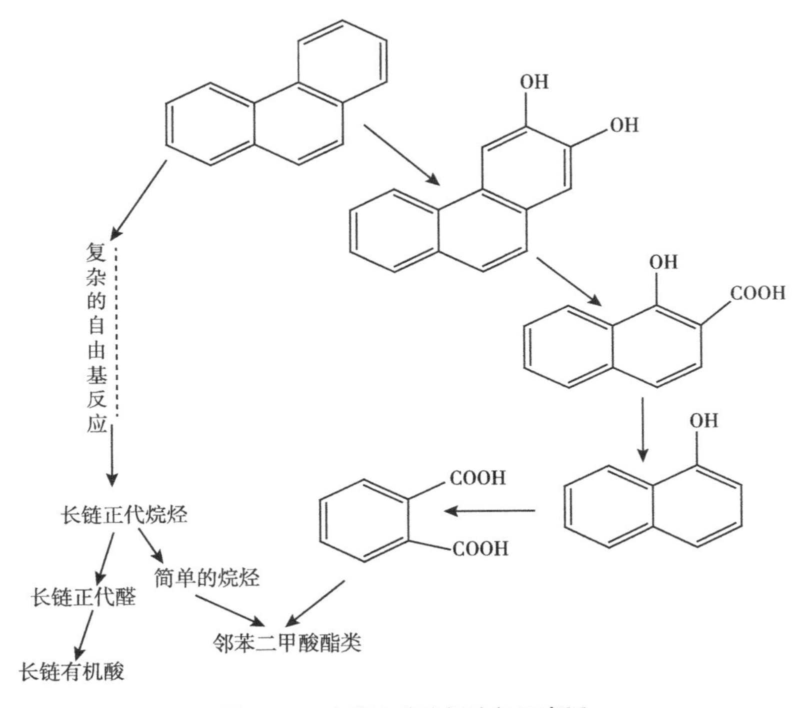

图 4-11　土壤中菲降解途径示意图

4.3　盐渍化石油污染土壤植物修复技术

4.3.1　盐渍化石油污染土壤的微生物-植物联合修复技术

将高效耐盐石油降解菌 BM38、生物表面活性剂 BS40、玉米芯和盐渍化石油污染土壤修复植物虎尾草进行组合，构建植物-微生物复合修复系统。比较复合修复系统与单一处理修复盐渍化石油污染土壤的效果。不同处理对土壤中石油的降解率见图 4-12。修复 120 d后，各处理土壤石油降解率为 18.9%～74.5%，其中处理

MSHX（BM38+BS40+虎尾草+玉米芯）石油降解率最高，达到74.5%，显著高于处理MSX（BM38+BS40+玉米芯）、处理HX（虎尾草+玉米芯）和对照（玉米芯），表明在盐渍化石油污染土壤中接种石油降解菌BM38、添加生物表面活性剂BS40和膨松剂玉米芯、种植虎尾草组成的植物-微生物复合修复系统与单一处理相比更能有效去除土壤中的石油污染物。在修复前60 d，处理MSHX和MSX的石油降解率均高于处理HX，但二者差异不大，在修复90 d和120 d，两个处理的石油降解率差异较大，表明在修复前期整个复合修复系统中石油降解菌BM38和生物表面活性BS40对土壤中石油降解起主要促进作用，在修复后期，虎尾草又促进土壤中石油的降解。在整个修复过程中，处理MSX的石油降解率高于处理HX，表明土壤中接种石油降解菌BM38和添加生物表面活性剂BS40强化土壤石油降解的效果好于种植虎尾草。修复10 d，处理HX与对照的石油降解率差异不大，修复30 d，处理HX与对照的

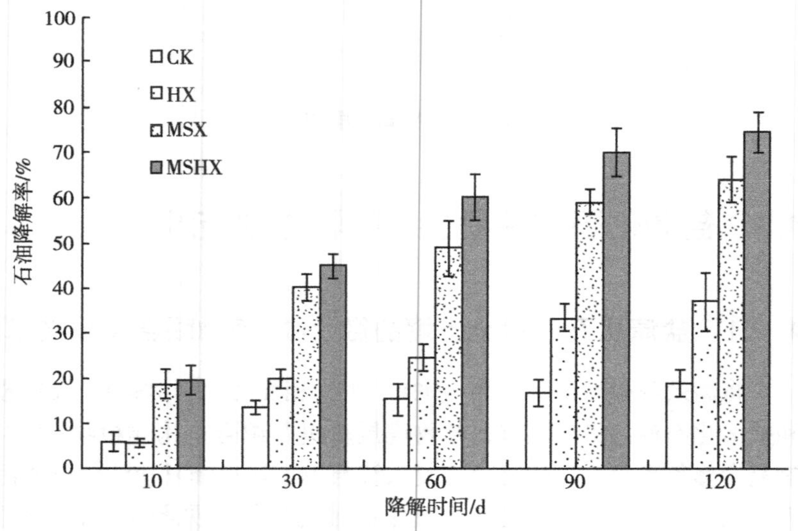

图4-12　生物修复石油污染土壤过程中的石油降解率

石油降解率差异明显。植物能通过根系直接吸收或分泌代谢物优化微生物生存环境来降解土壤中的石油污染物，Kaimi 等（2006）研究结果表明，在修复前期植物对土壤中石油降解效果不明显，修复中后期石油降解率高于不种植修复植物的土壤。

修复 120 d 后，各处理土壤中石油族组分的降解情况见图 4-13。修复 120 d，各处理土壤中饱和烃降解率高于芳香烃、沥青质和胶质。饱和烃对植物毒性较低，在土壤中比芳香烃和极性物质更易降解。处理 MSHX 对饱和烃、芳香烃、沥青质和胶质降解率最高，分别为 85.0%、64.4%、42.3%和 23.2%。处理 MSHX、MSX 和 HX 土壤中饱和烃、芳香烃降解率明显高于对照，处理 MSHX、MSX 的饱和烃、芳香烃降解率高于处理 HX，处理 MSHX 和 MSX 的饱和烃、芳香烃降解率差异不大，表明在复合修复系统中石油降解菌 BM38 和生物表面活性剂 BS40 对土壤中饱和烃和

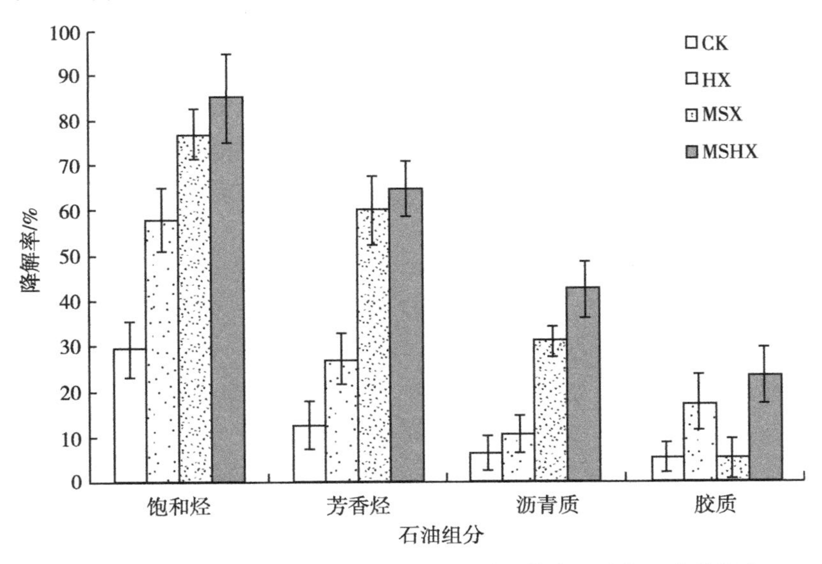

图 4-13　生物修复石油污染土壤 120 d 后土壤中石油各组分降解率

芳香烃的降解起主要作用。处理 MSHX、MSX 土壤中沥青质降解率明显高于处理 HX 和对照，处理 MSHX 土壤中沥青质降解率又高于处理 MSX，表明在接种石油降解菌 BM38 和添加生物表面活性剂 BS40 土壤中种植虎尾草更能有效去除土壤中的沥青质。处理 MSHX 和 HX 的胶质降解率均高于处理 MSX 和对照，表明种植虎尾草能有效去除土壤中胶质。处理 MSHX 对沥青质和胶质的降解率分别达到 42.3%和 23.2%，表明接种石油降解菌 BM38、添加生物表面活性剂 BS40 和膨松剂玉米芯、种植虎尾草组成的植物-微生物复合修复系统能有效去除盐渍化土壤中的沥青质和胶质。

4.3.2 耐盐植物混合种植修复盐渍化石油污染土壤技术

在自然污染区域，更多的是多种植物共存，研究多种修复植物联合对石油污染物的修复效率，一是能够准确评价石油污染物在自然条件下的消减情况，二是能够发挥不同植物修复潜能，提高植物修复石油污染土壤的效率。以狗尾草（*Setaria uiridis* Beauv.）、苜蓿（*Medicago sativa* L.）作为修复植物，通过盆栽试验研究单一植物物种和 2 种植物混合种植条件下，土壤中石油污染物的消减规律。

土壤中石油污染物含量为 1.0%，具体组成见表 4-4，土壤含盐量为 2.97 g/kg，pH 为 8.47。试验设置污染、无污染两组，每组设置不种植植物（CK）、植物单一种植（2 种）、植物混合种植 4 个处理，根袋法种植，100 d 收获，取不种植植物（CK）处理土壤作为非根际土壤，不同种植方式根袋中土壤作为根际土壤；测定植物生物量，第 70 d 测定植物光合速率；采用氯仿熏蒸法测定土壤微生物生物量碳（MBC），采用 MPN 技术测定土壤中石油降解菌数量，采用重量法测定土壤中总石油烃残留量，采用气相色谱法测定脂肪烃、芳香烃残留量，具体见 Xie 等（2018）。

不同种植方式下，2 种植物的生物量见图 4-14。在两组试验中，狗尾草生物量均显著高于苜蓿，石油污染显著抑制了狗尾草的生长（$P<0.05$），而苜蓿生物量在污染与无污染土壤中差异不显著。混合种植对狗尾草生物量影响不显著，而苜蓿在污染土壤混合种植条件下，生物量显著降低（$P<0.05$）。

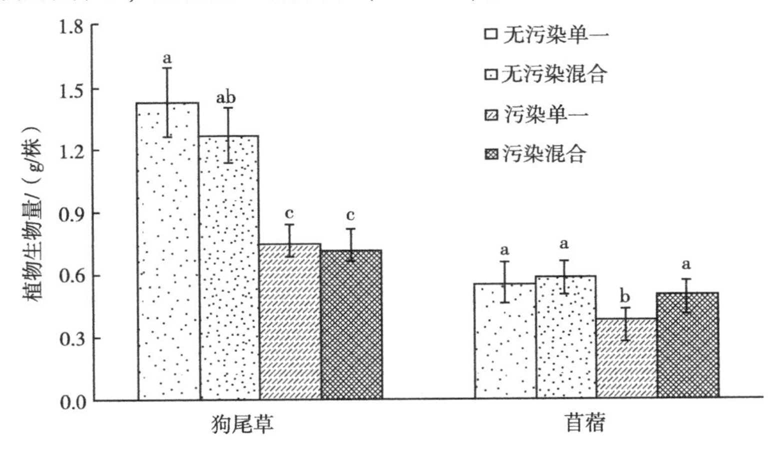

图 4-14　不同处理 2 种植物生物量

注：同一种植方式中不同字母表示差异显著（$P<0.05$）。

对不同处理中植物体叶绿素含量（SPAD 值）和光合速率进行测定，发现石油污染能够显著降低单一种植处理 2 种植物的光合速率，而在混合种植方式中，苜蓿光合速率较单一种植方式显著增加了 16.4%（$P<0.05$；表 4-7）。同时，石油污染降低了 2 种植物叶绿素含量（SPAD 值），但均未到显著水平。因此，不同植物生长对石油污染的响应存在差异，石油污染对狗尾草的生长抑制效应较苜蓿强。

表 4-7　不同种植方式植物叶绿素含量与光合速率

植物种类	无污染		污染	
	单一种植	混合种植	单一种植	混合种植
SPAD 值（叶绿素含量）				

（续表）

植物种类	无污染		污染	
	单一种植	混合种植	单一种植	混合种植
狗尾草	44.3a	46.2a	42.1a	42.8a
苜蓿	41.1a	42.6a	39.2a	40.0a
光合速率/[μmol CO_2/(m^2 · s)]				
狗尾草	34.4a	33.4a	25.9b	26.2b
苜蓿	26.2a	26.9a	21.1b	24.6ab

注：同行不同字母表示处理间差异显著（$P<0.05$）。

不同处理土壤MBC变化见图4-15。根际土壤MBC较非根际土壤，无污染处理较污染处理显著增加（$P<0.05$）。污染处理组中狗尾草根际土壤MBC显著高于苜蓿、混合种植根际土壤（$P<0.05$），但在无污染处理组中，三者间差异不显著。石油污染导致

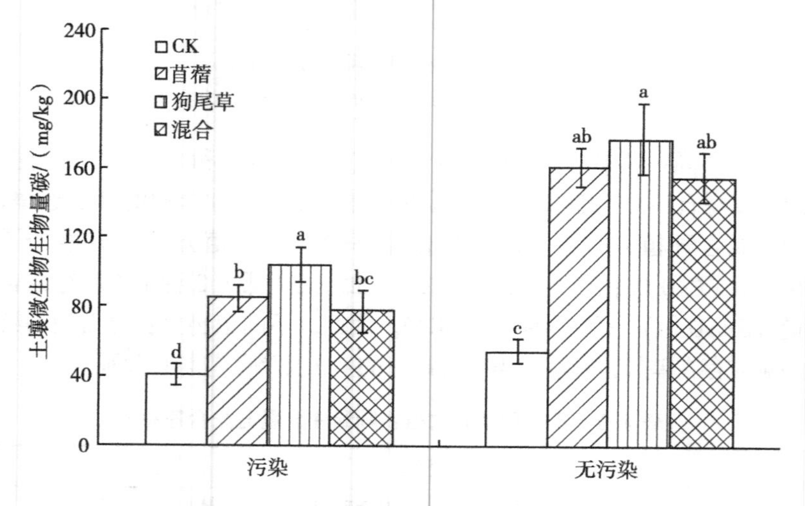

图4-15 不同处理土壤微生物生物量碳

注：柱上不同字母表示处理间差异显著（$P<0.05$）。

非根际、苜蓿、狗尾草、混合种植根际土壤 MBC 分别降低 25.8%、47.3%、41.7%、49.8%。

石油降解菌在不同处理土壤中的变化见图 4-16。3 种石油降解菌即脂肪烃降解菌、芳香烃降解菌、总石油烃降解菌在污染（A）、无污染（B）处理组中的变化趋势一致，由大到小依次为脂肪烃>总石油烃>芳香烃。在污染组中，混合种植根际土壤脂肪烃降解菌数量显著高于其他 3 个处理，与单一狗尾草根际土壤、单一苜蓿根际土壤、非根际土壤相比，分别增加了 0.30 倍、3.60 倍、

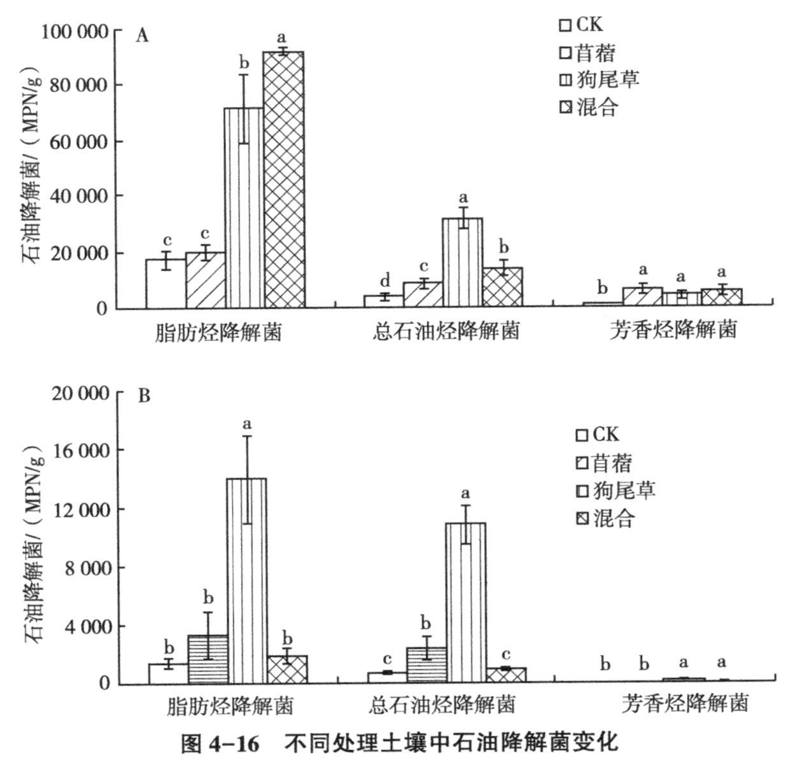

图 4-16　不同处理土壤中石油降解菌变化

注：柱上不同字母表示处理间差异显著（$P<0.05$）；A 为污染处理组，B 为无污染处理组。

4.21 倍；总石油烃降解菌在狗尾草根际土壤中最高，分别是混合种植根际、苜蓿根际和非根际土壤的 1.24 倍、2.63 倍和 7.47 倍；芳香烃降解菌数量在狗尾草、苜蓿、混合种植根际土壤分别是非根际土壤的 7.89 倍、11.75 倍、10.37 倍。

在无污染组中，脂肪烃、总石油烃降解菌在狗尾草处理中最高，前者分别是混合根际、苜蓿根际、非根际土壤的 6.64 倍、3.24 倍、9.00 倍；后者分别是混合根际、苜蓿根际、非根际土壤的 10.53 倍、3.50 倍、12.44 倍。芳香烃降解菌数量很低，其在非根际和苜蓿根际土壤中含量低于 MPN 技术的检测限。

3 种石油污染物降解菌在污染组中的数量较无污染组显著升高，脂肪烃、总石油烃、芳香烃降解菌的数量分别增加了 4.04~49.18 倍、1.90~13.95 倍、33.00~86.00 倍。因此，石油污染对于土壤中微生物种群变化有显著驯化作用，同时根际又大大强化了这一过程。

不同处理的石油降解率见图 4-17。总石油烃降解率在狗尾草、混合种植根际土壤中最高，显著高于非根际和苜蓿根际土壤，苜蓿

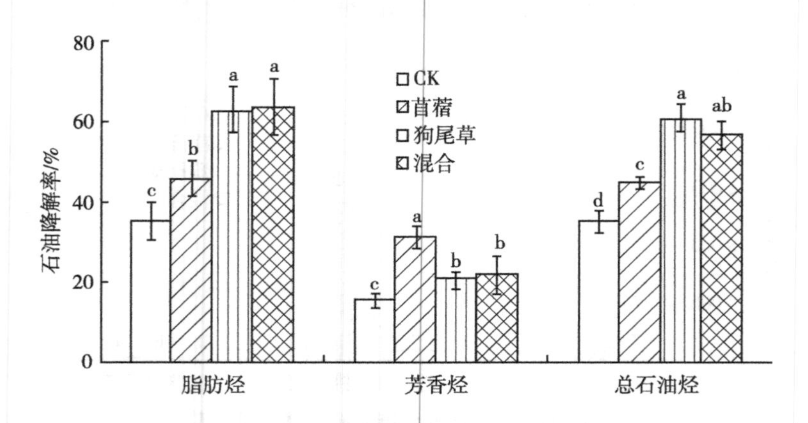

图 4-17　不同处理土壤石油降解率

注：柱上不同字母表示处理间差异显著（$P<0.05$）。

根际土壤总石油烃降解率显著高于非根际土壤（$P<0.05$）。脂肪烃降解率变化趋势与总石油烃相似。芳香烃降解率在苜蓿根际土壤中最高，与狗尾草根际、混合种植、非根际土壤相比，分别显著增加了 50.8%、43.7%和 104.3%（$P<0.05$）。

石油污染对植物生长产生抑制主要原因如下：第一，污染物使土壤中水分、营养、氧气的有效性下降；第二，某些石油组分及石油降解中间产物对植物产生直接伤害作用。不同植物种类对其有不同的响应，本试验表明，苜蓿比狗尾草有更强抗性（耐受性），可能苜蓿体内存在某种响应的防御、抵制反应。同时，混合种植条件下，狗尾草能够较快地消解土壤中的石油污染物，这也为苜蓿健康生长发挥积极作用，因此，混合种植体系中苜蓿光合作用和生物量较单一种植有了显著提升。不同植物根际土壤石油降解菌的差异表明植物能够产生特征根际淀积物，支撑相应微生物种群的生长（Martin et al.，2014），因而不同植物表现出对外源污染物的不同响应。混合种植体系能够整合不同植物物种的优势，因此脂肪烃、芳香烃降解菌在混合种植根际土壤中均最高，这为移除污染土壤石油污染物奠定了物质基础。然而，这种作用在无污染处理组中并不显著，这可能是由于石油污染胁迫对于土壤中石油降解微生物种群的形成发挥关键作用。有研究表明，根际淀积物中酚类物质在芳香烃污染土壤中含量较高，进而促进了土壤中降解芳香烃微生物种群的形成（Cheema et al.，2010）。因此，石油污染物不仅可以作为微生物的碳源、能源，而且其对调控植物根系分泌物组成也有重要作用。采用多种植物对盐渍化石油污染土壤开展联合修复具有显著优势，当前对其关注不足，集成创建高效修复技术体系应是今后污染修复技术选择中的一个重要途径。

主要参考文献

谷奉天, 刘振元, 姚志刚, 2003. 黄河三角洲野生经济植物资源. 济南: 山东省地图出版社.

刘五星, 骆永明, 余冬梅, 等, 2010. 石油污染土壤的生态风险评价和生物修复Ⅳ. 油泥的预制床修复及其微生物群落变化. 土壤学报, 47 (4): 621-627.

鲁如坤, 2000. 土壤农业化学分析方法. 北京: 中国农业科技出版社.

AL-MAILEM D M, SORKHOH N A, AL-AWADHI H, et al. , 2010. Biodegradation of crude oil and pure hydrocarbons by extreme halophilic archaea from hypersaline coasts of the Arabian Gulf. Extremophiles, 14: 321-328.

BADRI D V, WEIR T L, VAN DER LELIE D, et al. , 2009. Rhizosphere chemical dialogues: plant-microbe interactions. Current Opinion in Biotechnology, 20 (6): 642-650.

CHEEMA S A, KHAN M I, SHEN C F, et al. , 2010. Degradation of phenanthrene and pyrene in spiked soils by single and combined plants cultivation. Journal of Hazardous Materials, 177 (1-3): 384-389.

HOREL A, MORTAZAVI B, SOBECKY P A, 2012. Seasonal monitoring of hydrocarbon degraders in Alabama marine ecosystems following the Deepwater Horizon oil spill. Water Air & Soil Pollution, 223 (6): 3145-3154.

KAIMI E, TSUKASA M, SHYOJI M, et al. , 2006. Ryegrass enhancement of biodegradation in diesel-contaminated soil. Environmental and Experimental Botany, 55: 110-119.

LIU W X, HOU J Y, WANG Q L, et al. , 2015. Collection and analysis of root exudates of *Festuca arundinacea* L. and their role in facilitating the phytoremediation of petroleum-contaminated soil. Plant and Soil, 389 (1): 109-119.

MARTIN B C, GEORGE S J, PRICE C A, et al. , 2014. The role of root exuded low molecular weight organic anions in facilitating petroleum hydrocarbon degradation: current knowledge and future directions. Science of the Total Environment, 472: 642-653.

MUKHERJEE S, HEINONEN M, DEQUVIRE M, et al. , 2013. Secondary succession of bacterial communities and co-occurrence of phylotypes in oil-polluted *Populus* rhizosphere. Soil Biology & Biochemistry, 58: 188-197.

PENG S W, ZHOU Q X, CAI Z, et al. , 2009. Phytoremediation of petroleum contaminated soils by *Mirabilis Jalapa* L. in a greenhouse plot experiment. Journal of Hazardous Materials, 168: 1490-1496.

SICILIANO S, GERMIDA J J, BANKS K, et al. , 2003. Changes in microbial community composition and function during a polyaromatic hydrocarbon phytoremediation field trial. Applied Environmental Microbiology, 69: 483-489.

XIE W J, LI R, LI X P, et al. , 2018. Different responses to soil petroleum contamination in monocultured and mixed plant systems. Ecotoxicology and Environmental Safety, 161: 763-768.

第五章　黄河三角洲盐渍化石油污染土壤生物修复技术体系

5.1　盐渍化石油污染土壤修复微生物载体筛选

进行微生物修复，在筛选得到高效降解菌后，还应具备性能优良的载体材料，当前应用较多的是粉碎的作物秸秆和无机材料。进行载体材料的选择要注意以下 3 个方面：①载体材料要有吸附微生物的性能；②载体材料能支撑微生物正常生长繁殖，不能对微生物产生毒害作用；③载体材料能为微生物降解功能的发挥创造条件。当前，人们对前两个条件关注较多，关于能为微生物降解能力发挥创造条件的载体材料的报道较少。

5.1.1　土壤斥水力试验

选择粉碎玉米芯+大豆秸秆（1∶1）、小麦秸秆、玉米秸秆、大豆秸秆，每种材料都按照质量分数为 1.0%、3.0%、5.0%的量加入到石油含量为 1.5%的污染土壤中，混匀，以未加入任何材料的相同污染土壤作为空白对照。分别将处理后的土壤装入直径 5 cm、高 15 cm 的玻璃管中，轻压使土壤容重为 1.2 g/cm^3左右，并使土壤含水量为 16%，室温放置 2 d。采用滴水穿透时间法测定不同处理土壤的斥水力，具体方法为用标准滴管在 15 mm 高度滴 3 滴蒸馏水（约 0.15 mL）于土柱中央，用秒表记录液滴从土壤表面消失的时间，结果见图 5-1。

由图 5-1 可知，向石油含量为 1.5%的土壤中加入玉米芯+大

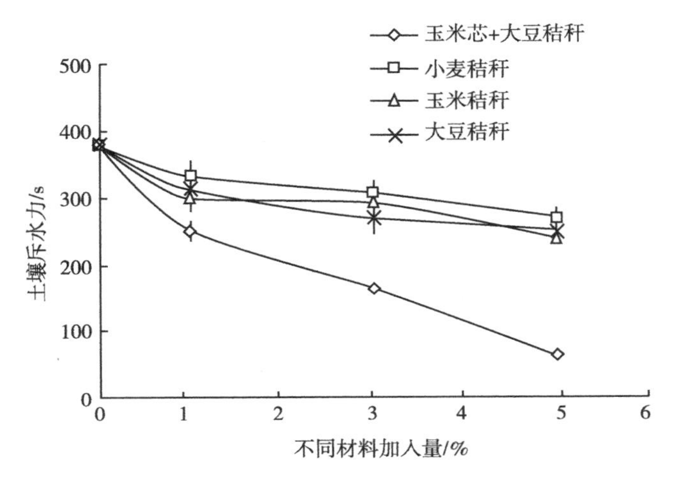

图 5-1　不同材料土壤斥水力

豆秸秆，石油污染土壤斥水力大幅降低，并随着加入量的增加，降低幅度增大，当材料质量分数为 5%时，处理土壤斥水力与空白对照组相比下降了 83.7%。而小麦秸秆、玉米秸秆、大豆秸秆降低土壤斥水力的能力较差，当材料质量分数为 5%时，处理土壤斥水力与空白对照相比分别下降了 27.9%、35.7%、33.3%，土壤斥水力与土壤含水量及持水能力有关，降低土壤斥水力，能够提高污染土壤持水、保水能力，为降解菌降解石油创造了有利条件。

5.1.2　降解菌活性维持试验

将石油烃降解菌沙雷氏菌 BF40 菌株接种到 LB 液体培养基中，振荡培养 36 h，按照 0.5 L/kg 的比例，将接种培养液与灭菌粉碎的玉米芯+大豆秸秆（1∶1）、小麦秸秆、玉米秸秆、大豆秸秆混合，室温发酵 48 h，在无菌条件下，晾至含水量为 25%左右后，自然放置 30 d，不做补水等处理，每 5 d 取样 1 次，采用平板计数的方法重复 3 次，测定降解菌 BF40 数量，结果见图 5-2。

自然放置中，前 10 d，四者间差异不大；10 d 后，玉米芯+大

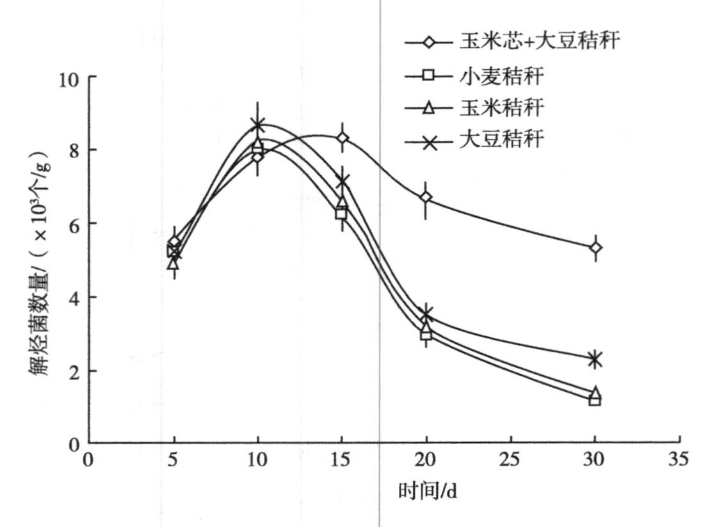

图 5-2　不同材料降解菌数量

豆秸秆表现出了较强的保持降解菌活性的能力，降解菌 BF40 的数量较玉米秸秆、小麦秸秆、大豆秸秆大大提高；随着放置时间的延长，这种差异愈明显，第 30 d，载体材料中 BF40 数量分别为小麦秸秆、玉米秸秆、大豆秸秆的 4.4 倍、3.8 倍、2.3 倍。

基于上述试验结果，选择玉米芯+大豆秸秆（1∶1）作为降解菌的载体材料。将石油烃降解菌沙雷氏菌 BF40 菌株接种到 LB 液体培养基中，振荡培养 36 h，按照 0.5 L/kg 的比例，将降解菌载体材料与接种培养液混匀，室温发酵 48 h，在无菌条件下，晾至含水量为 25%左右，微生物载体及修复剂制备完成。

5.1.3　微生物修复剂降解效率

取 5 mL 对数生长期沙雷氏菌 BF40（*Serratia* sp.）菌液，加入到 100 g 石油含量为 1.5%的污染土壤中，混匀（对照）；分别取 5 mL BF40 菌液，加入到 1 g、2 g、3 g、5 g 载体材料中，混匀后，发酵 48 h，晾干，加入到 100 g 石油含量为 1.5%的盐渍化污染土壤中，混匀。将不同处理土壤置于 150 mL 三角瓶中，使土壤含水量为 16%，用 Parafilm 封口膜封口，每个处理重复 3 次，室温培养 60 d，取样分析不同处理的石油降解差异。土壤中石油含量采用重量法进行测定，结果见图 5-3。

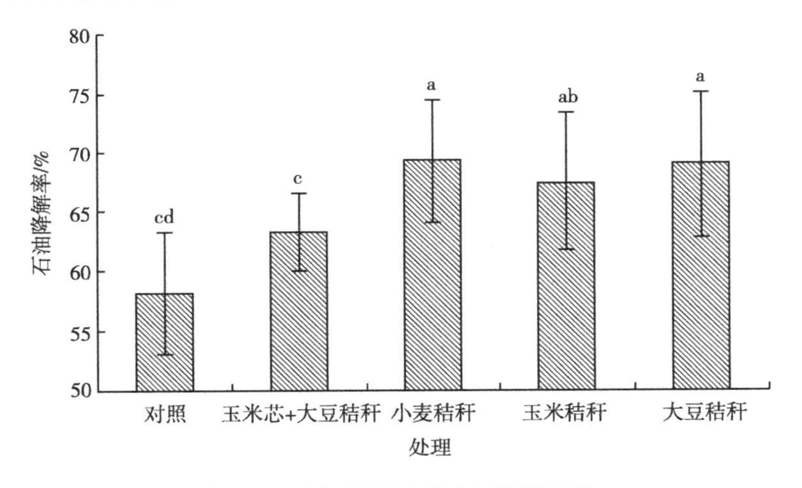

图 5-3　不同处理土壤中石油降解率

注：柱上不同字母表示处理间差异显著（$P<0.05$）。

与对照相比，载体材料显著提高了土壤中石油降解率（$P<0.05$），加入 2%～5%载体材料，土壤中石油降解率提高了 15%以上。其原因在于载体材料为微生物生存提供了养分及有利的环境，减少了土壤中污染物对其产生的危害，同时，载体材料还会和土壤组分及降解菌互作，改善土壤性质，提高污染物生物可利用性。载体材料用量宜为污染土壤质量的 2%～3%。

5.2　盐渍化石油污染土壤生物修复技术体系构建

依据土壤石油污染程度及肥力状况，采用微生物修复、植物-微生物联合修复及物化-生物耦合修复技术，建立石油污染土壤修复技术体系，具体见图 5-4。植物修复以本土野生植物狗尾草等为主，物化修复主要通过石油污染土壤翻耕、晒垡等途径，实现石油污染物光降解及光促降解。

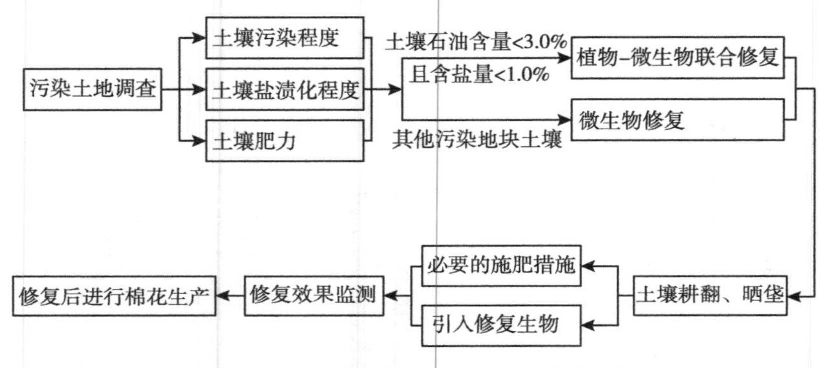

图 5-4　石油污染盐渍化土壤修复技术体系构建

石油污染土壤修复技术体系已在黄河三角洲等石油产区进行示范应用，在该区域，累计修复农田及闲置地超 8 hm^2。石油污染土壤修复后，土壤中石油烃含量由 1. 1%～6. 9%下降至 0. 1%～0. 5%，累计修复效率为 85. 8%～90. 3%。经测算，已从土壤中移除石油类污染物超过 700 kg，多环芳烃 100 kg，污染区域生态环境质量和农业生产能力得到了显著提高，经济效益、生态效益显著。

第六章　黄河三角洲盐渍化土壤治理技术

6.1　盐渍化土壤治理策略

我国盐渍（碱）地改良利用历史悠久，20 世纪 50—60 年代以水利工程措施为重，灌溉冲洗，以排为主。接着，在以“排水为基础，培肥为根本”的基本观点指引下，实行生物培肥措施、农业耕作措施和水利工程措施相结合的综合治理方法。20 世纪 60—70 年代，我国开始了对土壤改良剂的研究，目前，应用较多的改良剂为磷石膏和石膏，近年来，开始出现应用耐盐微生态制剂来改善土壤结构与肥力。但总的来说，针对盐渍化土壤的高效、经济、实用的土壤改良（调理）剂产品仍比较缺乏。在长期实践过程中，我国科学家及劳动人民集成创建了“井灌井排”“修建台田”“暗管排盐”等技术体系，盐渍化土地资源生产能力得到了显著提升。近年来，随着科技的发展，盐渍化土壤治理开始向因地制宜、改用结合的方向转变，盐渍化土地利用走上了宜农则农、宜牧则牧、宜渔则渔的发展方向。无论盐渍化土地治理目的如何改变，盐渍化土壤地力培育是其生产、生态功能发挥的基础。研究土壤肥力培育是科学利用盐渍化土地资源的关键环节。

6.1.1　主要治理技术

6.1.1.1　化学改良

化学改良是指向土壤中加入化学物质（土壤调理剂），以达到降低土壤 pH、碱化度以及改善土壤结构等目的。主要的化学改良剂包括石膏、磷石膏、脱硫石膏、硫黄、腐植酸、糠醛渣等物质。化学改良的主要机理：一是施用的化学物质包含大量 Ca^{2+}、Mg^{2+} 等高价阳离子，能够代换土壤胶体上的 Na^{+}，从而改善土壤结构；二是施用的化学物质中腐植酸等有机分子能够促进土壤团聚体的形成，进而改善土壤结构，增强土壤脱盐、抑盐的能力；三是施用的化学物质中含有大量营养成分，能够作为土壤微生物的营养源和能源，提高土壤微生物活性，带动土壤肥力提升。大量的研究实践证明，对于重度盐渍化土壤，采用化学改良与其他改良措施相结合的方法，能取得极为显著的改良治理效果。

6.1.1.2 农业工程

工程措施指围绕盐渍化土壤灌排能力、肥力培育等目标，对盐渍化土地灌排系统及其相关设施等进行改造，短期内加大土壤排盐能力、抑盐能力和土壤肥力，包括深翻改土、换土、淋洗、淤积、整平土地、构建隔盐层，以及建立完善的排灌系统等。我国盐渍化土壤改良利用工程措施起步较晚，初期主要采用水利工程措施。盐碱土多分布于低平地区，排水不畅，地下水位高，矿化度大，易发生水盐向上运行，导致土壤积盐和返盐。灌排、管排均能快速消减土体中的盐分含量。我国最初以明沟为主要排水体系，通过灌排改良盐碱土，接着又采用竖井抽排技术，然后采用竖井与排水沟相结合，进行排水洗盐，发展到现在基本形成沟渠灌排与暗管排盐相结合的工程改良技术模式。

6.1.1.3 生物改良

生物措施是一种经济、有效的盐渍化土壤改良技术。目前该技术主要利用耐盐植物和耐盐功能微生物。进行盐渍化土壤改良的耐盐植物较多，如苜蓿、菊芋、盐地碱蓬、田菁以及其他耐盐绿肥植物，其改良机制：①种植耐盐植物，扩大了土壤表面覆盖率，利用植物覆盖降低地表水分蒸发，从而抑制盐分上升及表层积聚；②植物根系生长能够增加土壤孔隙，加快脱盐速率，同时抑制毛管返盐；③植物生长过程中向土壤输入大量有机物，提高微生物活性，促进土壤团聚体形成。近年来，选择利用耐盐功能微生物成为改良盐渍化土壤的一种新途径，耐盐功能微生物能够提高养分有效性、促进植物生长，同时微生物产物及基体能够促进土壤团聚体形成等，通过这些积极因素的合力作用，带动盐渍化土壤肥力快速提升。

6.1.2　盐渍化土壤培肥抑盐思路

黄河三角洲由于地下水埋深、含盐量高，盐渍化土层脱盐、返盐过程交替反复，治理难度大。单纯依靠脱盐解决不了问题，必须培育和发挥土壤自身的抑盐能力。提高土壤肥力，改善土壤结构，是挖掘土壤自身抑盐能力的关键。土壤容重降低、非毛管孔隙增加是肥力抑盐的本质。经过研究，笔者提出了抑盐效率的量化评价方法，为深入开展盐渍化土壤肥力提升技术研究提供科学依据。土壤肥力抑盐效率（E）可依据如下方程进行定量。

$$E = S_x/S_s \qquad (6-1)$$

式中，S_x为下层土壤含盐量；S_s上层土壤含盐量。

上下层紧密相连，土层深度可以根据研究需要确定，一般为10 cm。对黄河三角洲农田土壤肥力抑盐情况分析发现，土壤有机质含量在肥力抑盐中发挥重要作用（图6-1），二者间关系符合一元二次方程：

$$Y=2.163-0.208X+0.0077X^2 \ (R^2=0.99) \qquad (6-2)$$

式中，Y为抑盐效率；X为有机质含量。

当$E=1$时，表明土壤下层盐分没有向表层聚集，此时，有机质含量为19.1 g/kg。因此，在田间条件下，表层土壤有机质含量超过19.1 g/kg，能够很好地抑制下层土壤盐分向表层积聚。但有机质抑盐作用的发挥与土壤质地、地下水埋深等有密切关系，本研究所得到的有机质含量临界值在不同质地、地下水埋深的盐渍化区域会有所改变，但在研究区域及相似区域可以将其作为土壤肥力调控的目标值，对于指导土壤肥力定向培育具有重要意义。

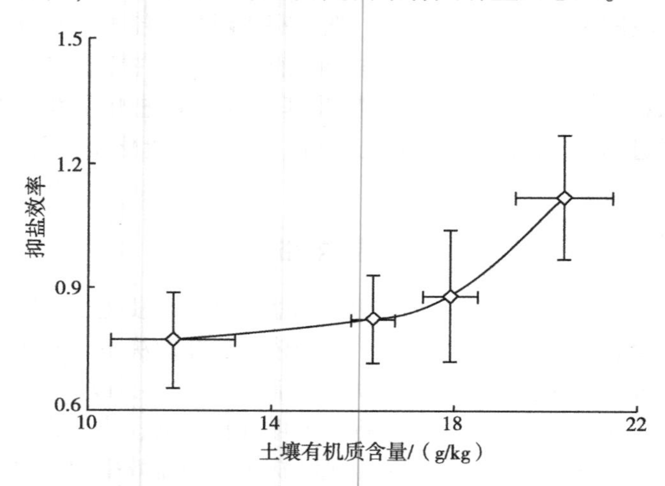

图 6-1　土壤有机质含量与抑盐效率间的关系

6.2　耐盐功能微生物筛选及其利用

盐渍化土壤含盐量高、物理结构差、有机质含量低、微生物活性弱等特点，严重制约了土壤养分的有效性、农业生产能力及生产效益。微生物是关键土壤过程的主要驱动者，进行盐渍化土壤改良，提高其生产能力和生态功能的一条重要途径就是提高微生物活性。目前，土壤微生物改良产品较多，而土壤盐度从 0.5%升高到 2.0%，会严重影响非耐盐微生物的代谢活动，因此，在非盐渍化农田中广泛应用的相关菌剂，在盐渍化区域农业生产中可能无法利用。通过微生物技术改良土壤，关键是要获得具有耐盐能力、能够适应盐渍化生境条件的功能菌株。已报道的与盐渍化农业相关的，高效、耐盐功能菌株还较少，在生产中推广应用的微生物制剂不多，耐盐功能微生物菌株开发潜力较大。

6.2.1　耐盐纤维素降解菌筛选

6.2.1.1　筛选方法

取 10 g 滨海盐渍化土壤，其含盐量为 1.2%，将该土壤加入装有 100 mL 无菌水的三角瓶中，高速振荡 20 min 后，将土壤混合液按梯度进行稀释，选择浓度梯度为 10^{-2}、10^{-3}、10^{-4}、10^{-5}、10^{-6}的土壤混合液进行涂布。吸取不同稀释梯度的菌悬液 100 μL 涂布于含 10% NaCl 的 LB 固体培养基中，用于分离耐盐微生物。将平板倒置放入 30 ℃恒温培养箱中培养 48~96 h，观察生长出的菌落情况。根据菌落形态、颜色以及大小，挑取单个微生物菌落，之后进行多次纯化直至获得单克隆菌株，纯化获得的菌株用 40%的甘油储存于-80 ℃冰箱。

配制 NaCl 含量为 0.0%、1.0%、5.0%、10.0%、15.0%的羧甲基纤维素培养基，冷却后倒平板，接种保存的菌株，每个盐度重复 3 次。37 ℃恒温培养 3 d，用浓度为 2 g/L 的刚果红溶液染色，静置 5 min 后，弃去染色液，用 1 mol/L 的 NaCl 溶液洗涤 2~3 次，测量透明圈菌落的直径（d）和透明圈的直径（D），计算 D/d，发现菌株 ZSC1 具有较强的纤维素降解能力（表 6-1）。由表 6-1 可以看出，在 NaCl 含量为 0.0%~5.0%的条件下，该菌株具有较强的纤维素降解能力，当 NaCl 含量达到 10.0%以上时，透明圈、菌

表 6-1　不同盐度条件下菌株 ZSC1 降解纤维素的状况

盐度	0.0%	1.0%	5.0%	10.0%	15.0%
菌落直径/mm	9.6±0.4b	10.2±0.9ab	11.2±0.6a	7.8±0.8c	2.8±0.4d
透明圈直径/mm	27.2±1.4a	27.3±1.9a	31.9±3.1a	14.6±0.9b	4.3±0.2c
D/d	2.83±0.02a	2.67±0.19a	2.86±0.36a	1.87±0.13b	1.56±0.28b

注：同行不同字母表示处理间差异显著（$P<0.05$）。

落直径显著下降，纤维素降解能力变小。因此，当盐度<5.0%时，该菌株具有较强的纤维素分解能力，而盐度超过 10.0%时，其纤维素分解能力显著下降，并随盐度的升高显著降低。

收集对数生长期的 ZSC1 菌液 1 mL，提取基因组 DNA，以基因组总 DNA 为模板，16S rRNA 基因通用引物，进行 PCR 扩增，对扩增产物进行测序。将获得的序列提交至 NCBI 数据库进行 Blast 比对（https：//blast. ncbi. nlm. nih. gov/Blast. cgi），并使用 MEGA5 进行系统发育树的构建。结果显示，该菌株 16S rRNA 基因序列长度为1 465 bp，该序列与 NCBI 数据库中的 *Halomonas* 属不同种的 16S rRNA 基因序列具有大于 97%的相似性；系统发育分析表明，该菌株与松嫩盐单胞菌（*Halomonas songnenensis*）属于同一分支。因此，该菌株鉴定为松嫩盐单胞菌。

6. 2. 1. 2　菌株 ZSC1 耐盐特性

利用无机盐培养基，添加 0. 1%酵母粉，设 5 个不同浓度梯度的 NaCl 处理：0. 0%、6. 0%、12. 0%、15. 0%、18. 0%。接种后，在 37 ℃恒温培养箱中培养 48 h，于 630 nm 处测定菌液吸光度，每个梯度重复 3 次，结果见图 6-2。

从图 6-2 中可以看出，在 0. 0%～12. 0%的 NaCl 盐度条件下，菌株能够正常生长，盐度增加至 15. 0%时，菌体生长量约为最大生长量的 1/3，盐度继续增加，该菌株的生长受到显著抑制，在盐浓度为 18. 0% 的环境中不能生长。因此，松嫩盐单胞菌（*Halomonas songnenensis*）ZSC1 为耐盐菌，在液体培养基中其耐盐程度可达 15. 0%。

6. 2. 1. 3　菌株 ZSC1 提高土壤微生物活性及养分有效性

采集盐渍化农田土壤（含盐量为 0. 17%），添加 NaCl 使土壤含盐量为 0. 4%，加入对数生长期菌株 ZSC1 发酵液 5 mL/100 g 土，过筛混匀，取 250 g 装入塑料钵，加纯净水调节土壤含水量达

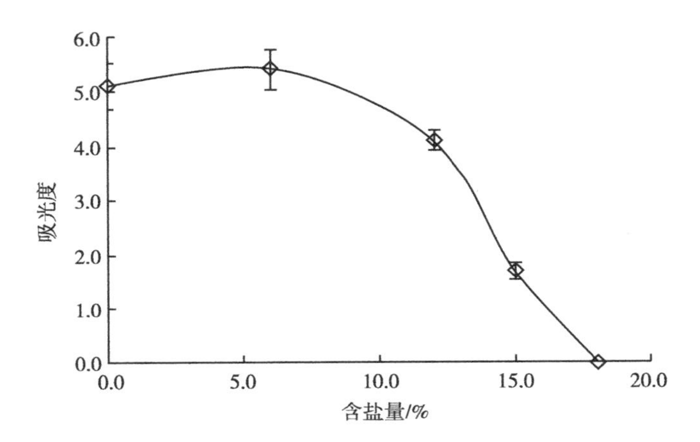

图 6-2　菌株 ZSC1 在不同盐度下生长变化

60%，种植“临麦 2 号”品种小麦 10 株，出苗后 2 周，取出土壤测定土壤微生物生物量碳、速效氮、有效磷、速效钾等主要肥力指标，以未接种土壤为对照，每个处理重复 3 次，结果见表6-2。从表 6-2 可以看出，接种后，土壤微生物生物量碳增加 37. 7%，微生物活性显著提高，其原因是该菌株能够降解纤维素，为微生物生长提供充足的可利用碳源。微生物活性提高促进了土壤中养分由缓效态转化为有效态，与对照相比，有效磷、速效钾含量显著提高了 18. 8%、17. 0%。土壤有效态养分含量增加，显著促进了作物的生长。

表 6-2　接种菌株 ZSC1 对土壤主要肥力性状的影响

单位：mg/kg

处理	微生物生物量碳	速效氮	有效磷	速效钾
不接种	223±19b	45. 7±3. 3a	35. 6±3. 0b	352±23b
接种	307±23a	43. 1±3. 8a	42. 3±3. 2a	412±29a

注：同列不同字母表示处理间差异显著（$P<0.05$）。

6.2.1.4 菌株 ZSC1 促生作用

(1) 促进发芽　以“临麦 2 号”小麦品种为材料，分别用 0.0%、0.2%、0.4%、0.6%的 NaCl 溶液浸润吸水纸，放置 50 粒小麦种子，接种菌株 ZSC1 后，置 25 ℃条件下恒温培养 5 d，测定不同盐度下小麦发芽率，每个盐度重复 3 次，以未接种处理为对照，结果见图 6-3。在盐胁迫条件下，接种菌株 ZSC1 能够提高小麦发芽率，随着盐度的增加，小麦发芽率提高幅度显著增加，在 0.6%盐度条件下，接种处理小麦发芽率为未接种处理的 2.7 倍。

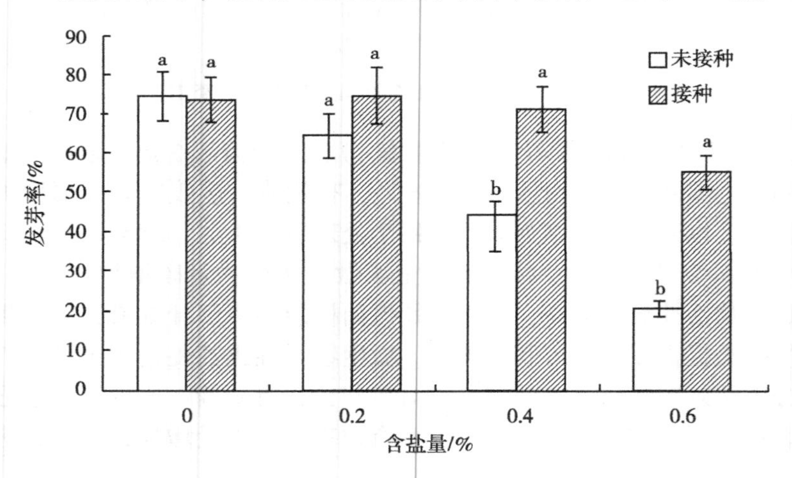

图 6-3　不同处理小麦发芽率

(2) 促进生长　采集盐渍化农田土壤（含盐量为 0.17%），添加 NaCl 使土壤含盐量分别为 0.2%、0.4%，加入对数生长期菌株 ZSC1 发酵液 5 mL/100 g 土，过筛混匀，取 250 g 装入塑料钵，加纯净水调节土壤含水量达 60%，种植“临麦 2 号”品种小麦 10 株，出苗后 2 周测定小麦植株生物量（鲜重、干重），以不接种（等量培养液）为对照，每个处理重复 3 次，结果见图 6-4。接种菌株 ZSC1 后，小麦根鲜重、干重，植株鲜重、干重明显提高。在

0.2%盐度条件下，接种处理根鲜重、根干重、植株鲜重、植株干重较对照分别增加了61.7%、18.1%、24.3%、26.6%；0.4%盐度条件下，接种处理根鲜重、根干重、植株鲜重、植株干重较对照分别增加了86.2%、61.6%、65.1%、57.8%。可见，菌株ZSC1促生作用随盐渍化程度的增加而显著增加。

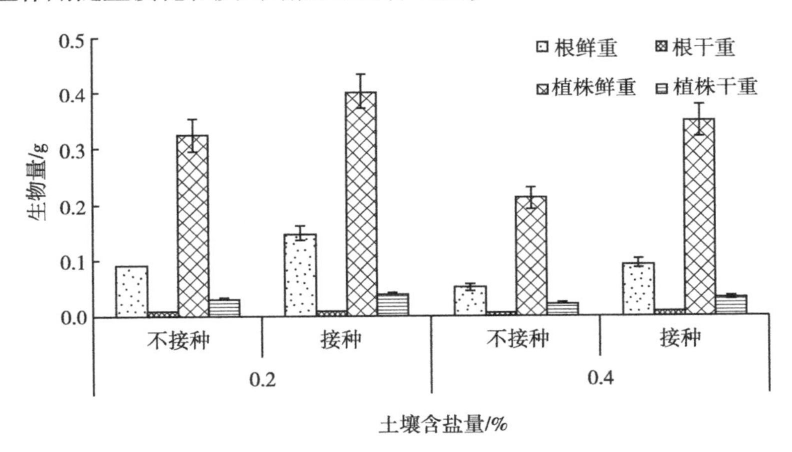

图6-4　不同处理小麦生物量

6.2.2　耐盐解磷菌筛选

6.2.2.1　筛选方法

采集黄河三角洲盐渍化土壤，过筛、晾干，称取1 g样品，在无菌操作条件下进行梯度稀释至10^{-7}、10^{-8}、10^{-9}，分别取已稀释好的土壤溶液（0.2 mL）于相应编号的马丁氏固体培养基上，用涂布棒涂布均匀，每个梯度做3个重复，静置20 min后倒置放于28 ℃恒温箱中培养。每天观察测量平板并记录菌落及菌落圈出现日期、菌落直径d及解磷圈直径D。培养6 d后，选择解磷圈较大的菌株进行纯化培养，将纯化后的菌株至斜面培养，4 ℃保存。将初筛得到的菌株利用无机磷培养基进行复筛，挑选出解磷能力最强的菌株进行有机磷解磷能力测试，最终获得解磷菌塔宾曲霉菌CT1，该菌株解磷能力可达523.5 mg/L。

利用PDA固体培养基培养真菌，刮取平皿表面的菌丝体放入研钵中用液氮研磨。采用真菌总DNA提取试剂盒提取研磨好的菌丝体基因组DNA。利用真菌ITS序列的PCR通用引物（上游引物为ITS1：5′-TCCGTAGGTGAACCTGCGG-3′；下游引物为ITS4：5′-TCCTCCGCTTATTGATATGC-3′）进行PCR扩增。PCR产物经试剂盒纯化后测序，将获得的DNA序列，输入GenBank数据库，用Blast程序与数据库中的序列进行比较分析，利用MEGA4.1软件进行系统发育树的构建，最终确认筛选得到的菌株为一株塔宾曲霉菌（*Aspergillus tubingensis*）。

6.2.2.2 菌株CT1生长特性

（1）*碳源* 解磷菌CT1在4种碳源（葡萄糖、蔗糖、麦芽糖、乳糖）下均能正常生长（图6-5），但在不同碳源培养基上的生长

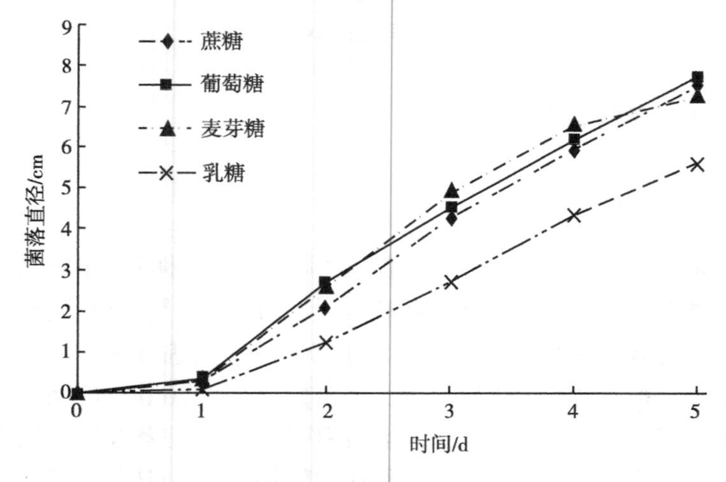

图6-5 不同碳源对解磷菌生长的影响

状况不同。从整个生长过程来看，在葡萄糖、蔗糖、麦芽糖作为碳源的培养基上的生长状况良好且差距很小，其中在以葡萄糖作为碳源的培养基上生长状况最好，在以乳糖作为碳源的培养基上生长状况最差。不同碳源对菌丝体及菌落形态也有影响。在以葡萄糖、蔗糖、麦芽糖作为碳源的培养基上，菌丝体较为粗壮，菌落浓密；在以麦芽糖作为碳源的培养基上外围白色菌丝区所占比例较大；在以乳糖作为碳源的培养基上的菌丝比较稀疏，且外围白色菌丝区较大。

（2）氮源　解磷菌 CT1 在 4 种氮源（$NaNO_3$、KNO_3、尿素、$(NH_4)_2SO_4$）下均能正常生长（图 6-6）。在以 $NaNO_3$、KNO_3、$(NH_4)_2SO_4$作为氮源的培养基上的生长状况良好且差距很小，其中在以（NH_4）$_2SO_4$作为氮源的培养基上生长状况最好，在以尿素作为氮源的培养基上生长状况最差。不同氮源对菌丝体及菌落形态也有影响。在以 $NaNO_3$、KNO_3、（NH_4）$_2SO_4$作为氮源的培养基上，菌丝体较为粗壮，菌落浓密；在以尿素作为氮源的培养基上菌丝比较稀疏。

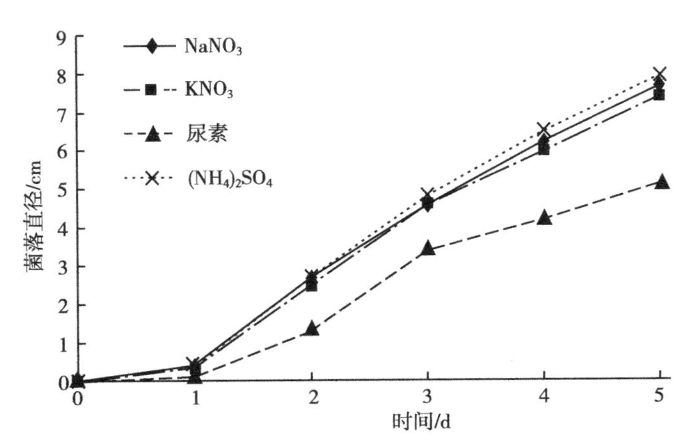

图 6-6　不同氮源对解磷菌生长的影响

（3）温度　解磷菌 CT1 在 4 个不同温度（20 ℃、25 ℃、30 ℃、35 ℃）下均能正常生长（图 6-7），但在不同温度下的生长状况差异明显。从整个生长过程来看，菌落的直径在 20～35 ℃随温度的升高而有明显增大的趋势，在 35 ℃菌落直径最大；在 20 ℃菌落生长相对缓慢，第 3 d 后生长速率加快。不同温度对菌丝体及菌落形态也有影响。在 25 ℃、30 ℃、35 ℃，菌落较浓密；在 20 ℃菌丝比较稀疏，且外围白色菌丝区较大。

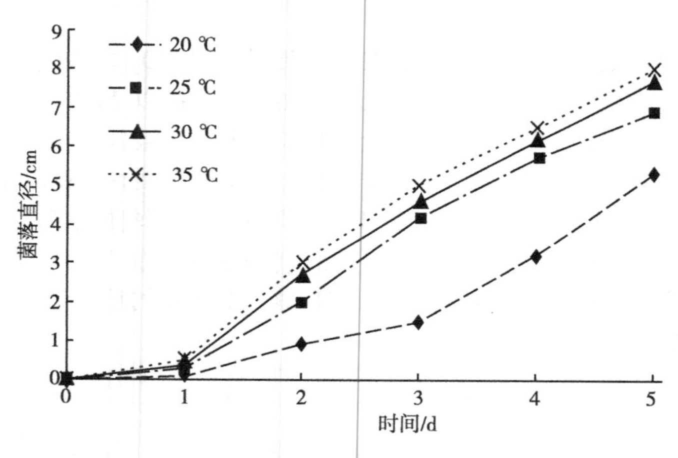

图 6-7　不同温度对解磷菌生长的影响

6.2.2.3　盐度对菌株 CT1 解磷特性的影响

向 $Ca_3(PO_4)_2$ 培养基中添加不同浓度的 NaCl（0、1%、3%、5%、7%、10%），经过 144 h 发酵，检测发酵液中有效磷含量（图 6-8）。当 NaCl 含量为 1%～5%时，菌株解磷能力变化不大，溶液中有效磷含量为 65.37～76.08 mg/L。当溶液中 NaCl 含量高于 7%时，由于高渗透压的影响菌株的解磷能力受到的影响越来越大，特别是当 NaCl 含量为 10%时，菌体生长受到极大的影响，溶液中的有效磷含量仅为 29.22 mg/L。可见，在含盐量小于 5%的条件下，菌株具有较强的解磷能力，当含盐量超过7%时，其解磷能力显著下降。

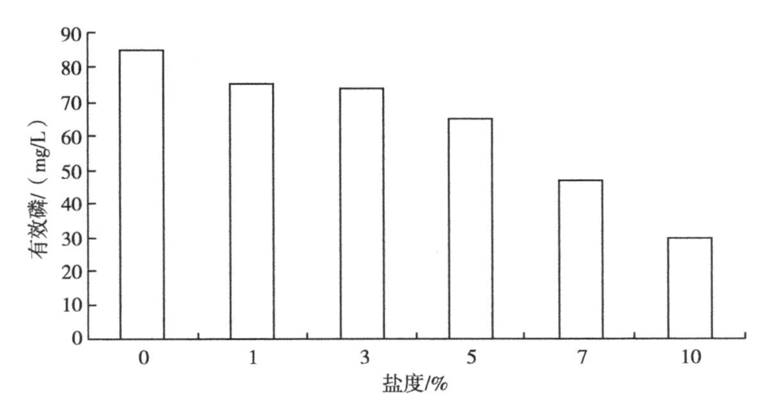

图6-8　盐度对菌株解磷能力的影响

6.2.2.4　菌株CT1促生作用

取黄河三角洲盐渍化土壤为盆栽用土，设置2个处理：在土壤中接入塔宾曲霉菌CTI和未接入塔宾曲霉菌CT1。将活化好的菌株配制成孢子悬浊液，并保证菌悬液浓度达10^6 CFU/mL。将小麦种子预先用水浸泡8 h，使种子充分吸水，然后用潮纱布包好静置1晚。每个盆（规格500 mm×210 mm×150 mm）中播入100颗预处理后的小麦种子，浇1 000 mL水（接种菌的盆浇水800 mL和菌悬液200 mL）；之后整个试验过程中，不再施加任何肥料。两个处理各重复3次，分别在培养的第5 d、第10 d、第15 d、第20 d进行生长指标的测定，结果如图6-9和图6-10所示。塔宾曲霉菌CTI逐渐表现出显著的解磷效果，尤其在小麦生长到第15 d时处理间差距最大，茎鲜重增加了12.4%。在小麦生长到第20 d时，根长增加了15.7%，表明塔宾曲霉菌CT1具有较好的促进小麦生长的效果。

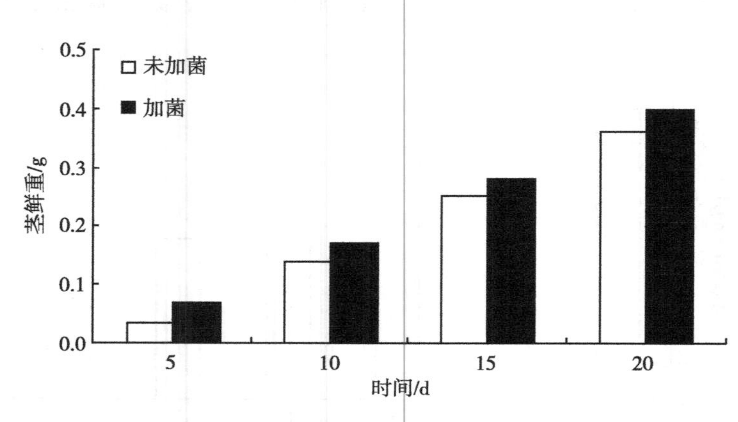

图 6-9　不同处理小麦茎鲜重

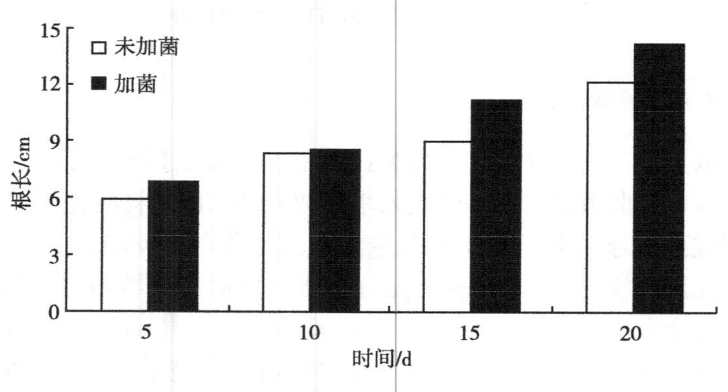

图 6-10　不同处理小麦根长

6.3　耐盐植物改良盐渍化土壤效率

通过耐盐（盐生）植物修复盐渍化土壤已在生产中得到了广泛应用，盐生植物主要有 3 个类型：聚盐型、泌盐型和拒盐型。其改良机制如下。①耐盐（盐生）植物生长能够大幅提高盐渍化土壤盖度，从而显著降低土壤蒸发，进而有效抑制盐分随水分由地下向地上土层迁移。②聚盐型盐生植物体内能够积聚大量盐分，有效移除盐渍化土壤中的盐离子，从而降低土壤含盐量。据统计，每亩盐地碱蓬可以从土壤中吸收数千千克盐分，但黄河三角洲地下水埋深浅、矿化度高，盐分由地下不断向地上迁移，使得这一途径改良效果受到大幅限制。③耐盐（盐生）植物生长能够增加有机物向土壤的输入，提高土壤有机质含量，同时，植物根系生长能够增加土壤孔隙，产生强化脱盐和抑制返盐的效果。通过种植耐盐（盐生）植物改良盐渍化土壤，是修复盐渍化土壤的一条重要途径，尤其是对于重度盐渍化土壤，常见作物无法种植或种植效益很低，通过耐盐（盐生）植物生长能够有效提升土壤肥力，进而为生产作物的种植奠定基础。下面以耐盐植物田菁为例介绍其修复（改良）效果。

6.3.1 田菁生长影响因素

在土壤含盐量为0.4%~0.7%的重度盐渍化地块，设置4个处理：只种植田菁（T）；种植田菁，施用磷酸二铵450 kg/hm²（TA）；种植田菁，施用磷石膏2 250 kg/hm²（TG）；不种植田菁的空白处理（CK）。分析不同条件下田菁生长及土壤肥力性状的变化情况，结果表明，TG处理能够显著促进田菁生长（$P<0.05$），地上部、地下部生物量较T、TA处理分别提高了14.24%、24.77%和8.32%、12.39%，地下部生物量的增加量高于地上部。TA处理与T处理相比，地上部、地下部生物量有所增加，但差异不显著（图6-11）。因此，在重度盐渍化土壤中增施氮、磷养分对田菁生长影响小于施用磷石膏。磷石膏能够促进田菁生长的原因在于其提高了土壤盐基交换能力，显著降低土壤含盐量，改善土壤结构，同时，磷石膏中Ca^{2+}也能增强植物的耐盐能力（Cheng et al.，2002）。

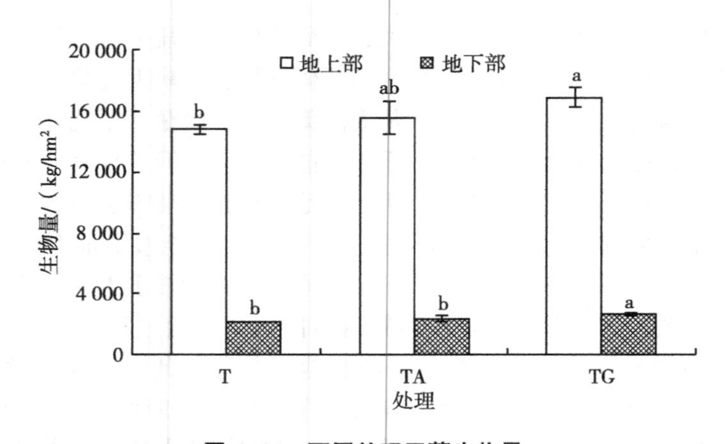

图 6-11　不同处理田菁生物量

注：柱上不同字母表示处理间差异显著（P<0.05）。

6.3.2　盐渍化土壤主要性质

6.3.2.1　化学性质

不同处理土壤主要化学性质见表 6-3。与 CK 处理相比，种植田菁后，土壤 pH、含盐量、钠离子吸附比（SAR）、可溶性钠百分率（SSP）显著降低（P<0.05）。其中，TG 处理下降幅度最大，含盐量、SAR、SSP 较 CK 分别下降了 28.29%、58.87%、25.30%，与 T、TA 处理差异显著（P<0.05）。种植田菁处理土壤速效氮、速效钾、可溶性有机碳（DOC）显著升高（P<0.05），速效氮含量升高与田菁固氮作用及施用氮肥有关，而速效钾、DOC 增加可能与田菁地上部凋落物、根系腐解和根系分泌物有关，这与殷云龙等（2012）研究结果一致。速效钾含量在 TG 处理中最大，这与其生物量最大相一致。DOC 在 TG 处理中最大，因为施用磷石膏使土壤中 Ca^{2+}含量增加，Ca^{2+}增加能够提高土壤中 DOC 的稳定性（Setia et al.，2014）。土壤有机质含量在种植田菁处理土壤中有

所增加，但与 CK 处理相比，差异不显著。有效磷含量除 TA 处理显著增加外，其余处理与 CK 处理相比，差异不显著。

表 6-3　不同处理土壤主要化学性质

处理	pH	含盐量/(g/kg)	SAR	SSP	速效氮/(mg/kg)	有效磷/(mg/kg)	有机质/(g/kg)	速效钾/(mg/kg)	DOC/(mg/kg)
CK	8.87a	3.50a	17.02a	0.83a	11.53c	15.07b	11.03a	210.54c	22.83d
T	8.52b	2.74b	9.46b	0.72b	16.87b	10.27b	11.40a	310.59b	38.10bc
TA	8.48b	2.73b	8.86b	0.70b	23.50a	29.67a	11.37a	333.74b	42.87b
TG	8.36b	2.51c	7.00c	0.62c	16.23b	12.73b	11.47a	489.46a	50.90a

注：SAR 为钠离子吸附比，SSP 为可溶性钠百分率，DOC 为可溶性有机碳；同列不同字母表示处理间差异显著（$P<0.05$）。

6.3.2.2　物理性质

不同处理土壤主要物理性质见表 6-4。种植田菁后，与 CK 处理相比，土壤容重显著降低，大团聚体含量、平均重量直径（MWD）、总孔隙度显著增加（$P<0.05$），其中 TG 处理变化幅度最大。种植田菁处理中，土壤微团聚体、毛管孔隙度较 CK 处理有所增加，但除 TG 处理外，差异不显著。非毛管孔隙度在 4 个处理间差异也不显著。可见，种植田菁能够改善重度盐渍化土壤物理结构，增施磷石膏能够强化这一改良效果。

表 6-4　不同处理土壤主要物理性质

处理	容重/(g/cm^3)	大团聚体/%	微团聚体/%	黏砂粒/%	MWD/%	总孔隙度/%	毛管孔隙度/%	非毛管孔隙度/%
CK	1.32a	11.47b	19.58b	68.95a	9.49b	50.36b	28.97b	21.39a
T	1.24b	18.68a	22.15ab	59.17b	11.16a	53.07a	31.11ab	21.96a
TA	1.23bc	19.45a	24.44ab	56.11b	11.54a	53.55a	31.12ab	22.42a
TG	1.21c	20.77a	27.41a	51.81b	12.09a	54.47a	31.87a	22.60a

注：MWD 为平均重量直径；同列不同字母表示处理间差异显著（$P<0.05$）。

6.3.3 改良机制分析

相关分析（表6-5）表明，土壤含盐量与MWD、SAR、SSP、容重、总孔隙度、DOC相关性达极显著水平（$P<0.01$），可见，改善重度盐渍化土壤性质，关键是降低土壤含盐量。SAR、SSP是衡量土壤Na^+含量的有效指标；MWD是土壤团粒结构稳定性的表征，其与SAR、SSP呈极显著负相关（$P<0.01$），与DOC、土壤有机质呈显著正相关（$P<0.05$），因而降低土壤Na^+含量，提高土壤DOC、有机质含量能够促进土壤团聚体的形成与稳定。土壤总孔隙度与土壤容重、含盐量、SAR、SSP呈极显著负相关，与DOC呈极显著正相关（$P<0.01$）。土壤板结、通透性差是盐渍化土壤结构的主要特点，土壤总孔隙度增加、容重降低都是土壤物理结构得到改善的反映（廉晓娟等，2013）。因此，土壤含盐量、Na^+含量、DOC、有机质在维系土壤良性结构中发挥了重要作用，重度盐渍化土壤改良实践中，肥力提升技术的研发要围绕降低土壤含盐量、Na^+含量，提高土壤DOC、有机质含量来进行。

表6-5 土壤主要性质间相关分析

指标	含盐量	MWD	SAR	SSP	容重	总孔隙度	毛管孔隙度	非毛管孔隙度	DOC
MWD	-0.805**								
SAR	0.801**	-0.928**							
SSP	0.741**	-0.939**	0.944**						
容重	0.788**	-0.871**	0.938**	0.893**					
总孔隙度	-0.758**	0.860**	-0.933**	-0.891**	-0.993**				
毛管孔隙度	-0.456	0.673**	-0.735**	-0.718**	-0.785**	0.808**			
非毛管孔隙度	-0.530	0.417	-0.372	-0.356	-0.445	0.399	-0.178		
DOC	-0.783**	0.884**	-0.846**	-0.854**	-0.769**	0.779**	0.526	0.425	
有机质	-0.328	0.675*	-0.650*	-0.578*	-0.555	0.516	0.420	0.327	0.508

注：MWD为平均重量直径；SAR为钠离子吸附比，SSP为可溶性钠百分率，DOC为可溶性有机碳；*表示显著相关（$P<0.05$），**表示极显著相关（$P<0.01$）。

重度盐渍化土壤肥力瘠薄，在大量 Na^+ 存在的条件下，土壤结构很差。本研究表明，田菁种植能够显著改善土壤团聚体组成，降低土壤容重。相关分析结果表明，土壤团粒结构与有机质组分含量显著相关，因此，在田菁生长条件下，植株脱落物、根系脱落物腐解及根系分泌物对土壤结构的改良发挥了重要作用。尽管磷石膏中 Ca^{2+} 在盐渍化土壤条件下的溶解度很小，经测定，TG 处理中土壤 Ca^{2+} 含量为其他处理的 2 倍左右。在田菁生长的条件下，根系生长代谢中分泌的有机酸对磷石膏中 Ca^{2+} 的释放具有积极促进作用，同时，土壤中 Ca^{2+} 有利于促进土壤良性结构的形成，抑制了 Na^+ 导致的不利作用，进而为植物生长创造良好的环境，在盐渍化生境条件下产生正向互馈作用。

利用耐盐（盐生）植物进行盐渍化土壤改良已在生产上推广应用多年，系统分析植物参与下盐渍化土壤肥力性质的变化，对于盐渍化土壤肥力定向培育具有重要意义。本研究结果表明，尽管耐盐（盐生）植物能够在盐渍化环境中生长，过大的盐胁迫对其生长仍有显著抑制作用，采用技术措施，提高植物生物量能够显著促进土壤改良效果。因此，积极探索耐盐（盐生）植物生物量与土壤改良效果间的关系，是今后利用生物措施来进行盐渍化土壤改良应重点关注的问题。

6.4　秸秆改良盐渍化土壤效率

我国主要作物秸秆年产量超过 6 亿 t，其中以玉米、小麦、水稻秸秆为主。秸秆还田可以把作物吸收的一部分养分返还到土壤中，秸秆替代化肥研究已经在我国引起重视。对于秸秆的处理方式，还田是最简便、最经济的一条资源利用途径。但我国有些地区仍存在秸秆焚烧的现象，带来了大气污染等一系列环境问题。秸秆还田有直接还田、间接还田 2 种形式，后者主要指过腹还田、菌糠还田、沼肥还田等方式。据估算，作物秸秆中的养分含量（氮、磷、钾）占当年化肥用量的30%左右（戴志刚等，2013）。可见，秸秆是一种宝贵的农业资源，对其进行科学利用是农业可持续发展的一条有效途径。盐渍化区域农田肥力较差，表现为土壤有机质含量普遍偏低，重要原因在于向土壤中输入的有机物质减少。利用秸秆还田来改良盐渍化土壤，不仅可以充分利用秸秆中的氮、磷、钾等养分资源，还能够增加土壤中有机质含量。土壤有机质含量增加后，土壤肥力得到提升，自身抑盐能力得到加强，土地生产力显著提高。同时，土壤有机质含量增加，使得土壤碳储量显著增加，盐渍化土壤作为碳库的作用得到了充分发挥，对全球气候变化调控也将发挥积极的推动作用。

6.4.1 秸秆还田及方式

秸秆中富含氮、磷、钾等养分（表6-6），利用作物秸秆改良盐渍化土壤，当前的主要方式包括与土壤混匀直接还田、秸秆层深埋还田、表层覆盖等。各种方式均有研究证明能够有效降低表层土壤中盐分含量及土壤蒸发量，但每种方法都有自身的特点。与土壤混匀直接还田方式，在非盐渍化农田中比较常见，能够结合作物收获，一体完成，还田的成本相对较低，但有报道表明这种方式可能对农业生产产生负向作用，如降低作物的出苗率、烧苗、不利于土壤保墒、在耕层中存在与作物争氮、病虫害发生严重等问题。秸秆层深埋还田方式，由于秸秆还田深度大，需要有专门的机械来完成，成本较高，同时，秸秆在底层，土壤微生物活性较低，秸秆腐解速率较慢，秸秆养分利用率低；另外，秸秆层的存在，打破了土体的连续性，致使物质、能量交换可能受阻。表层覆盖方式，秸秆覆盖在农田土壤表面不利于作物播种等管理活动，再者，秸秆与土壤接触少，腐解速率也比较慢。这些方式在实际生产中都有应用，各地选择秸秆还田方式时，还应结合当地自然条件、生产设施、地力状况等因素，因地制宜、具体分析。

表 6-6　主要作物秸秆养分含量　　单位：%

秸秆种类	有机碳	氮	磷（P_2O_5）	钾（K_2O）	钙	硫
玉米	45	0.92	0.12	1.18	0.39	0.26
小麦	44	0.65	0.08	1.05	0.16	0.12
大豆	39	1.80	0.46	1.40	0.79	0.23
水稻	40	0.91	0.13	1.89	0.16	0.11

无论何种秸秆利用方式，盐渍化都会对土壤中秸秆腐解转化产生影响。具体表现：盐渍化将会降低秸秆腐解速率，影响秸秆有机碳向土壤碳库的转化进程；盐渍化能够影响土壤微生物活性及种群组成。秸秆能够减轻盐渍化对土壤微生物的不利影响，同时，可能也会带来激发效应（Ye et al.，2015）。利用秸秆对盐渍化土壤进行改良修复，其核心就是要弄清盐渍化土壤中秸秆腐解转化过程、调控因子及驱动机制，从而指导人们采取相应的措施，创建、集成关键技术体系，充分发挥秸秆改良潜能，提高秸秆利用效率。

6.4.2　土壤盐渍化与秸秆腐解转化

在一滨海农田采集表层（0~20 cm）土壤，通过添加 NaCl 调节土壤含盐量分别至 2.0 g/kg、3.0 g/kg、4.0 g/kg，干湿交替放置 30 d。将小麦秸秆切为 3~5 cm 的片段，洗净烘干后，120 ℃灭菌 30 min。共设 6 个处理：对照（CK，不添加秸秆）、2.0 g/kg 土壤添加秸秆（L）、3.0 g/kg 土壤添加秸秆（M）、4.0 g/kg 土壤添加秸秆（H）、3.0 g/kg 土壤添加秸秆+尿素（150 mg/kg，NS）、3.0 g/kg 土壤添加秸秆+ NaH_2PO_4（80 mg/kg，NP），各处理中添加秸秆量均为 30 g/kg，与土壤混匀。各取 1.0 kg 土壤装入塑料钵中，每个处理设 9 个重复。将各处理放置于生态玻璃温室中，白天温度为 25~30 ℃，夜间为 18~22 ℃，通过添加水分调整土壤相对含水量为 60%左右。经过 30 d、60 d、90 d 培养，每处理随机取 3 个重复测定秸秆的腐解量。

6.4.2.1 秸秆腐解速率

培养土壤晾干，过 0.25 mm 筛，取出大的秸秆残留，洗净烘干、称重（M_d）；土壤继续过 0.149 mm 筛，分别测定过 2.0 mm 与过 0.149 mm 土壤有机碳含量，计算二者差值（C），土壤中秸秆残留量（M_r）由下式计算：

$$M_r = M_d + C \times 1/0.45 \tag{6-3}$$

式中，M_r 为秸秆残留量；M_d 为培养土干重；C 为过 0.25 mm 和 0.149 mm 筛土壤有机碳含量的差值；0.45 为秸秆有机碳含量的近似值。

秸秆腐解速率等可由 M_r与处理时间得出。

利用方程模拟土壤中秸秆的腐解过程，公式如下：

$$C = C_0 e^{-kt} \tag{6-4}$$

式中，C_0加入秸秆的初始量；C 为培养期间土壤中秸秆残留量；t 为培养时间；k 为秸秆腐解速率。

通过回归方程测算可知，小麦秸秆在 L、M、NS、NP、H 处理中的腐解速率分别为 0.018 g/d、0.016 g/d、0.021 g/d、0.018 g/d、0.015 g/d（表 6-7）。可见，土壤含盐量提高 1.0 g/kg，秸秆腐解速率降低 6.3%~11.1%，这主要与盐渍化抑制土壤微生物活性有关。与 M 处理相比，施用氮肥显著增加了秸秆的腐解速率，增加幅度为 31.3%。但是，磷施用对秸秆腐解影响不显著。

表 6-7 不同处理中秸秆残留量及回归模拟

处理	秸秆残留量/（g/kg）			回归方程
	30 d	60 d	90 d	
L	11.91bc	6.70c	5.61bc	$\ln c = -0.018t+3.161$
M	12.21bc	8.24b	6.51ab	$\ln c = -0.017t+3.157$
NS	11.26c	6.24c	4.15d	$\ln c = -0.021t+3.191$
NP	12.28b	7.74b	5.40c	$\ln c = -0.018t+3.195$
H	13.44a	9.25a	6.64a	$\ln c = -0.015t+3.207$

注：同列不同字母表示处理间差异显著（$P<0.05$）。

6.4.2.2　土壤有机碳

施用秸秆后，DOC 显著增加（$P<0.05$，表 6-8），<2 mm 秸秆残留在 H 处理中最高，与其他处理相比，差异显著（$P<0.05$）。腐化系数大小表征秸秆碳转化为土壤有机碳的多少，尽管氮施用能够促进秸秆腐解，但与 L、M 处理相比，腐化系数显著降低（$P<0.05$），这表明短时间内，高氮条件下秸秆碳更多的是以 CO_2形式释放。同时，H 处理腐化系数较 L、M 处理亦显著降低（$P<0.05$），表明土壤盐渍化对秸秆新碳向有机质转化具有抑制作用。Khan 等（2008）发现，土壤盐渍化对秸秆新碳向微生物碳组分转化具有抑制作用，高盐作用下微生物碳利用效率会降低，更多的秸秆新碳会以 CO_2形式散失。Ca^{2+}能够固定土壤中有机碳分子，进而对土壤有机碳起到稳定的作用（Setia et al.，2014），这可能是一条促进盐渍化土壤有机质提升的有效途径。在今后研究中，利用秸秆还田改良盐渍化土壤，如何引导秸秆新碳向盐渍化土壤碳库转化应是重点关注的方向。

表 6-8　不同处理中土壤有机碳组分分析

处理	DOC/（mg/kg）	<2 mm 秸秆残留/（g/kg）	土壤有机碳/（g/kg）	秸秆新碳/（g/kg）	增量/（g/kg）	腐化系数/%
CK	88.4e	1.27d	8.81c	—	—	—
L	178.3bc	2.30bc	9.57a	8.35b	0.76a	9.10
M	190.2b	2.63b	9.51a	7.76c	0.70ab	9.02
NS	229.3a	1.99c	9.40ab	9.14a	0.59b	6.45
NP	170.0c	2.17b	9.28b	8.08c	0.47d	5.82
H	134.8d	3.35a	9.28b	7.23c	0.47c	6.50

注：DOC 为可溶性有机碳；同列不同字母表示处理间差异显著（$P<0.05$）。

在高盐土壤中，将有更多<2 mm 秸秆残留，这与 Wichern 等（2006）研究结果一致。这种小的秸秆残留能够降低土壤容重，打

断土壤毛管的连续性，阻止地下盐分通过毛管作用向表层土壤聚积，对于提高耕层土壤肥力是有利的，应进一步深入研究，明确秸秆还田改良盐渍化土壤中，小的秸秆残留在地力培育中所发挥的作用。

6.4.2.3 土壤微生物

不同处理土壤脱氢酶活性变化见图 6-12。施入秸秆后，土壤脱氢酶活性显著提高（$P<0.05$）。与 M 处理相比，施入氮、磷能够提高脱氢酶活性，但未达显著水平。脱氢酶活性增加，表明土壤中微生物活性提高。众所周知，土壤盐渍化能够抑制微生物活性，其原因之一在于盐渍化降低了土壤中有效碳源的量，进而限制了微生物生长，秸秆腐解过程中能够释放大量的有效碳源，这就为土壤微生物生长提供了充足的碳源，因而，微生物生长得到促进，活性得到提升。由不同盐渍化程度处理间的比较可知，土壤盐渍化程度增加，脱氢酶活性降低，微生物生长受到抑制，原因在于盐渍化程度增加，盐胁迫敏感微生物生长受到抑制，甚

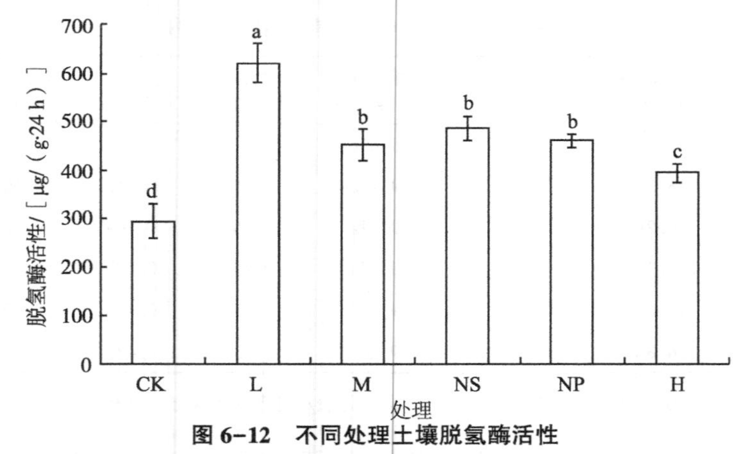

图 6-12 不同处理土壤脱氢酶活性

注：柱上不同字母表示处理间差异显著（$P<0.05$）。

至消亡。秸秆施入是降低土壤盐渍化抑制微生物活性的一种有效途径。

基于磷脂脂肪酸（PLFAs）分析，土壤微生物的种群组成见图6-13。微生物生物量与土壤脱氢酶活性变化趋势一致，即施用秸秆显著提高了土壤微生物活性，而盐渍化程度增加，生物量显著降低（$P<0.05$），但微生物种群变化情况还不清晰。PLFAs 分析表明，与 CK 处理相比，在不同处理中施入秸秆，细菌、革兰氏阳性菌、革兰氏阴性菌、放线菌、真菌生物量分别增加了 7.6%～44.8%、10.0%～26.1%、24.7%～39.3%、14.1%～34.0%、36.6%～81.2%。因此，在盐渍化土壤中施用秸秆能够对真菌生长有较强的促进作用，这也能够从 B：F 值（细菌：真菌）的降低得到证实。氮的施入也促进了真菌的生长，这可能与氮能够降低土壤 pH 有关，低 pH 有利于真菌的生长（Rousk et al.，2009）。本研究中，磷施入对土壤微生物生长的影响不显著，可能与所用土壤养分状况有关。

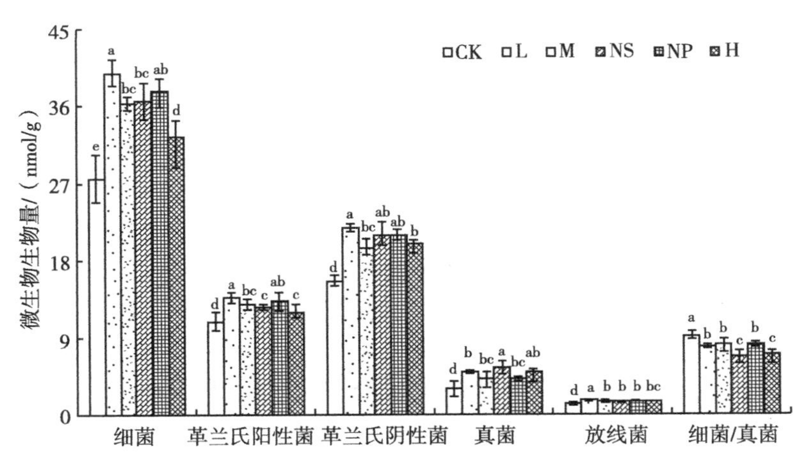

图 6-13 不同处理土壤微生物生物量

注：柱上不同字母表示处理间差异显著（$P<0.05$）。

6.4.2.4 土壤理化性质

经过 90 d 培养，不同处理土壤主要理化性质见表 6-9。从表 6-9 可以看出，与 CK 处理相比，施入秸秆后，土壤 pH 显著降低（$P<0.05$），但秸秆处理间差异并不显著。秸秆还田能够显著提高土壤速效钾及总氮含量（$P<0.05$），速效氮、有效磷含量在施氮、磷处理中显著提高（$P<0.05$），土壤有机质含量也随着秸秆的施入显著提高（$P<0.05$）。

表 6-9 不同处理土壤主要理化性质

处理	pH	速效氮/(mg/kg)	有效磷/(mg/kg)	速效钾/(mg/kg)	有机质/(g/kg)	总氮/(g/kg)
CK	8.24a	22.0b	16.8bc	966b	15.2c	0.53c
L	7.96b	21.3b	17.1b	1906a	16.5a	0.64a
M	7.84b	21.4b	15.4c	1931a	16.4a	0.62ab
NS	7.94b	27.8a	16.0bc	1812a	16.2ab	0.65a
NP	7.93b	27.2a	19.4a	1909a	16.0b	0.63ab
H	7.85b	22.0b	15.9bc	1865a	16.0b	0.61ab

注：同列不同字母表示处理间差异显著（$P<0.05$）。

一般认为土壤 pH 会随着秸秆的施入而升高，本研究中土壤 pH 降低幅度为 0.28~0.40 个单位，其原因可能在于试验所用土壤 pH 较高，超过了秸秆腐解过程生成有机酸的解离常数，有机酸能够解离出 H^+，这部分 H^+ 与土壤中的碱基中和，同时，秸秆中释放的氮及施入的尿素发生硝化反应也能够释放 H^+，促进土壤 pH 的下降。有机质、速效钾的升高则表明秸秆腐解过程中促进了土壤有机质的形成和秸秆中钾的矿化。总氮提高一方面来自秸秆释放的氮，另一方面也与秸秆施入促进了土壤中氮的固定有一定关系。

6.4.3 秸秆培肥抑盐效果

在黄河三角洲无棣县一滨海盐渍化农田小麦生产季，上茬玉米收获时，秸秆被粉碎为 10～15 cm 片段后，与耕层土壤充分混合，秸秆施用量分别为 5×10^3 kg/hm²（S）和 1×10^4 kg/hm²（2S），氮肥（尿素）用量为 75 kg/hm²（N1/2）、150 kg/hm²（N）、300 kg/hm²（N2）。试验共设 6 个处理：SN1/2、SN、SN2、2SN、2SN2、CK（无秸秆还田，氮施用量为 150 kg/hm²）。各处理磷（过磷酸钙）施用量均为 35 kg/hm²。每个处理重复 3 次，随机排列，每小区大小为 5 m×8 m。小麦收获时测定每个处理小麦产量及地上部生物量。

6.4.3.1　土壤含盐量

小麦生长期间不同处理耕层土壤含盐量见图 6-14。由图 6-14 可知，土壤含盐量在 2SN、2SN2 处理中最低，其次是 SN、SN2、SN1/2 处理，CK 处理最高。在 3 月、4 月，施用秸秆处理土壤含盐量较无秸秆还田 CK 处理明显降低。这表明秸秆还田能够有效降低土壤含盐量，在小麦生长前期尤为明显，进入 6 月，各处理间差异不大。

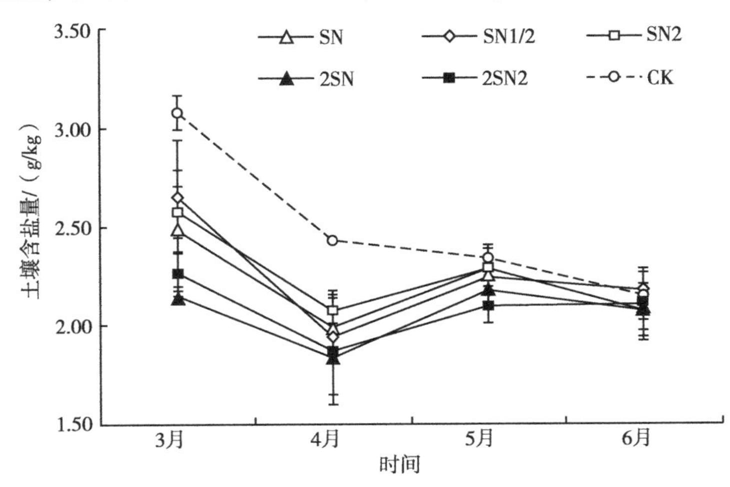

图 6-14　不同处理耕层土壤含盐量变化

抑盐效率（SIE），即秸秆添加处理土壤含盐量与对照处理含盐量之差，再与对照处理含盐量的比值，其变化对秸秆处理效果反映较含盐量更为明晰（图 6-15）。在 3 月，不同秸秆处理 SIE 为 13.8%~30.4%，且随秸秆施用量的增加，SIE 增加，其顺序为 2SN>2SN2>SN>SN2>SN1/2。4 月后，SIE 不同处理间差异变小，6 月处理间差异不显著。

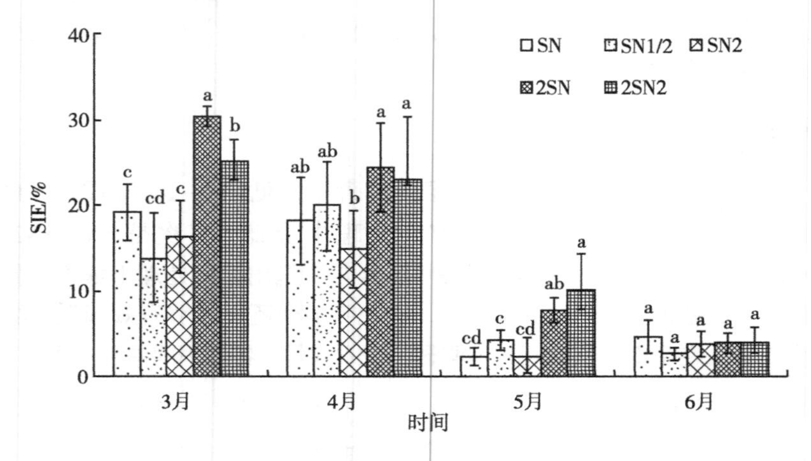

图 6-15 不同处理抑盐效率（SIE）变化

注：柱上不同字母表示处理间差异显著（$P<0.05$）。

盐渍化是滨海地区土壤退化和粮食生产的主要限制因子（李振声等，2011）。本研究表明，秸秆还田是降低土壤含盐量、减轻盐渍化危害的一条有效途径。在我国每年都要产生大量的秸秆废弃物，用来改良盐渍化土壤是秸秆废弃物科学处置的有效途径。肥力抑盐在我国已经提出多年，其核心是土壤有机质，有机质含量增加能够提高土壤团聚体含量及稳定性（Barzegar et al.，1994）。秸秆腐解过程中，许多有机碳分子会释放至土壤中促进土壤团聚体的形成（Oades and Waters，1991；Six et al.，2002；Hbirkou et al.，2011），土壤团聚体能够增加土壤孔隙度，进而降低由毛管作用导致的表层盐积聚（Lundmark and Olofsson，2007；Zhao et al.，2016）。有试验表明，土壤有机质含量增至 15 g/kg，盐分上移显著降低。因此，土壤含盐量、结构及有机质含量密切相关（Hbirkou et al.，2011）。但是，土壤团聚体形成、有机质含盐量增加往往需要较长时间，秸秆还田降低耕层土壤含量可能还存在其他机制。Zhang 等（2009）报道施用 5%小麦秸秆，土壤盐分淋洗效率能够提高 20%以上。Zhao 等（2016）亦研究发现，土壤中埋设秸秆层能够有效打破土壤毛管连续性，阻止盐分由下层向上层转移。因此，本研究中秸秆抑盐的主要机制在于打断了土壤中毛管作用，从而阻断了盐分随水分向上移动。笔者认为秸秆还田对于土壤含盐量的影响存在短期、长期两个作用。

在小麦生长前期，SIE 较高，其原因在于前期田间小麦盖度较低，土壤蒸发量大，导致 CK 处理土壤盐分上移较强，因而表层盐分积聚较多，而秸秆处理土壤由于秸秆打断了毛管连续性，从而有效阻止了盐分上移积聚。在小麦生长后期，田间盖度增加，导致土壤蒸发量大大降低，土壤中盐分移动随之减弱，因此秸秆处理的 SIE 降低，直至不同处理间差异不显著。

6.4.3.2 土壤养分

不同处理耕层土壤速效氮、有效磷、速效钾含量变化见图 6-16。随着小麦生长，土壤速效氮含量明显降低，这可能与小麦吸收及氮素固定有关。在 3 月，SN2、CK、2SN2 处理土壤速效氮含量明显高于其他处理。与 CK 处理相比，3—6 月，SN 处理土壤速效氮含量分别降低了 15.3%、7.2%、4.5%、23.9%，2SN 处理土壤速效氮含量分别降低了 31.3%、20.3%、9.5%、8.5%。施用秸秆处理土壤速效钾含量较 CK 处理增加较大，表明在秸秆腐解过程中大量钾素被释放至土壤中。不同处理间，土壤有效磷含量变化与氮、钾相比较小。

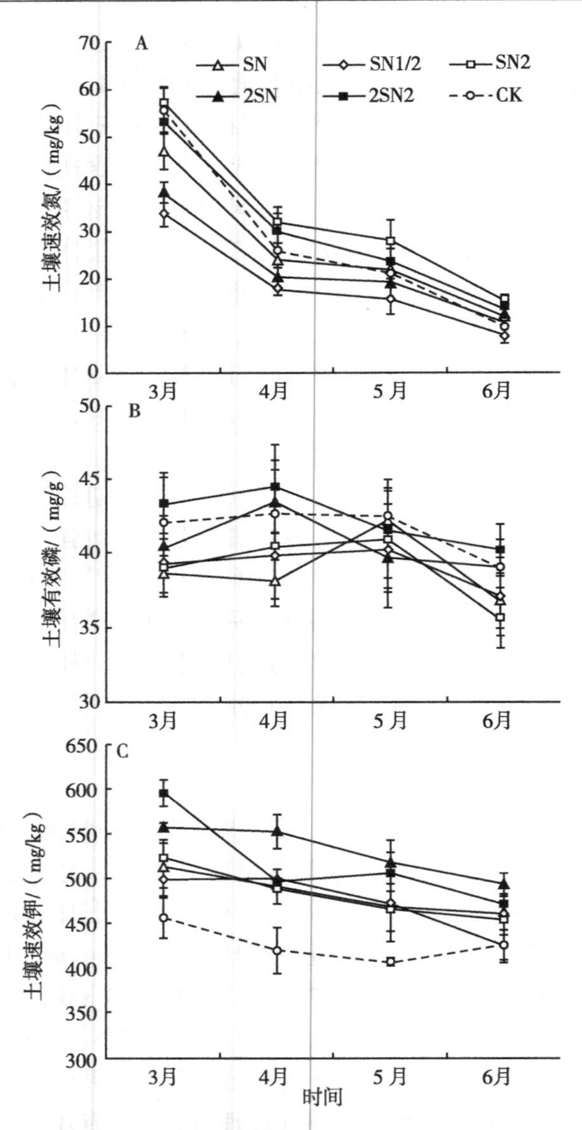

图 6-16　不同处理耕层土壤速效氮、有效磷、速效钾变化

6.4.3.3　土壤有机碳

与CK处理相比，秸秆还田明显增加了土壤DOC、SMBC（土壤微生物生物量碳）含量（图6-17A、B），且随着秸秆还田量的增加，其含量随之增加，在2SN、2SN2处理含量最高，其他处理增加幅度依次是SN、SN1/2、SN2。高秸秆还田量处理中DOC、SMBC含量分

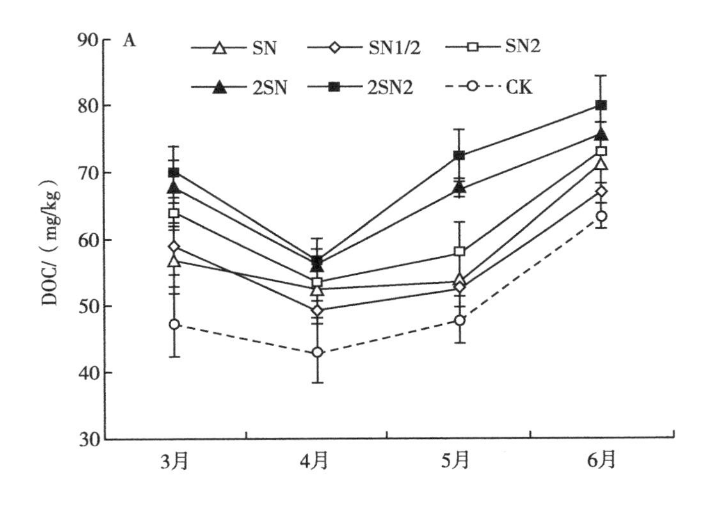

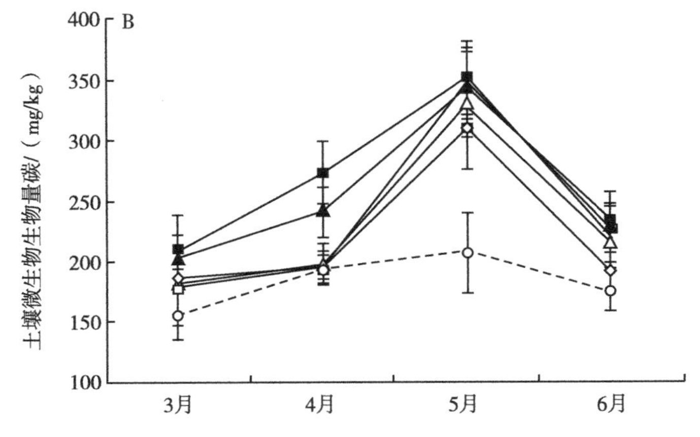

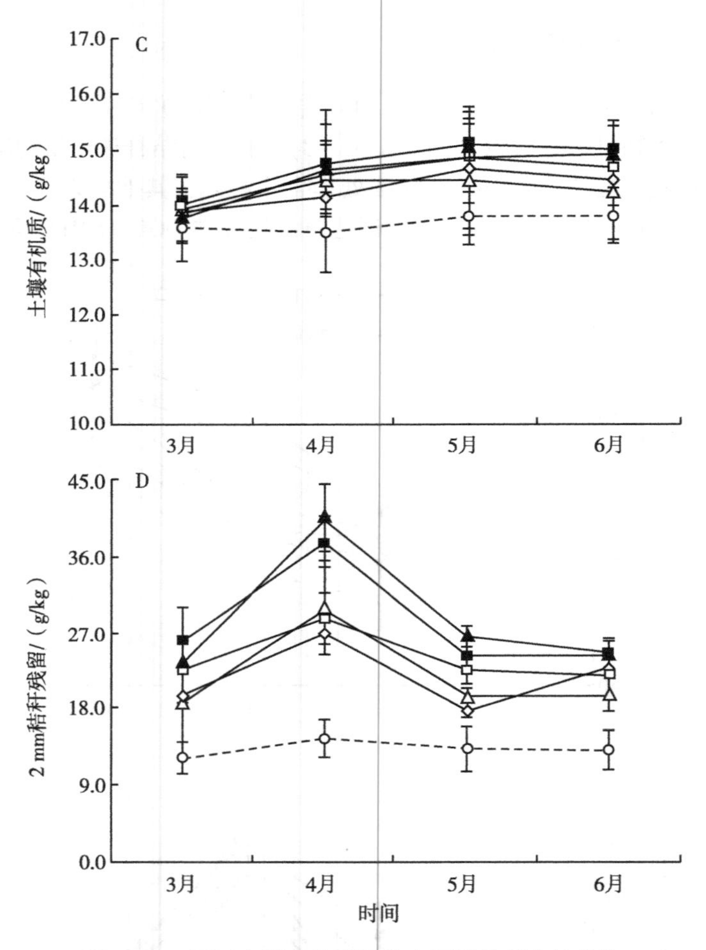

图 6-17　不同土壤有机碳组分在不同处理中的变化

别提高了 9.5%~51.6%、27.4%~68.9%，低秸秆还田量处理中二者分别提高了 7.8%~35.9%、5.2%~49.8%。6 月，SMBC 大幅降低，可能是由于缺水干旱胁迫所致。秸秆还田处理中土壤有机质含量也有所增加（图 6-17C），但增幅较小，土壤有机质含量提升可能需要较长的过程。秸秆还田处理中 <2 mm 秸秆残留较 CK 处理明显增加，高秸秆还田量处理明显高于低秸秆还田量处理（图 6-17D）。

DOC 可以作为微生物生长的碳源，SMBC 是土壤微生物量和活性的表征（Kamble et al.，2014）。在秸秆腐解过程中，大量 DOC 释放缓解了盐渍化土壤中碳源的不足，由此促进了微生物活性及生长。同时，DOC 和 SMBC 是土壤理化性质发生演变的主要指标（Blair et al.，1995；Tirol-Padre and Ladha，2004），二者含量增加表明土壤肥力正在发生向好的变化。

6.4.3.4　小麦产量与生物量

小麦产量及生物量见图 6-18。2SN2 处理小麦产量及生物量最高，除 SN2 处理生物量外，与其他处理差异达到了显著水平（P<

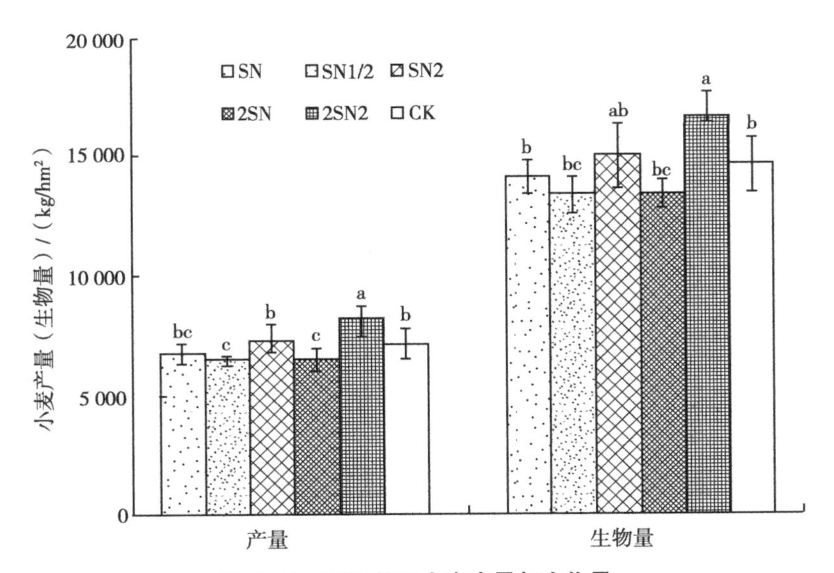

图 6-18　不同处理小麦产量与生物量

注：柱上不同字母表示处理间差异显著（P<0.05）。

0.05），2SN、SN1/2 处理小麦产量及生物量最低。与 CK 处理相比，小麦产量在 SN、SN1/2、SN2、2SN、2SN2 处理中分别增加了 -5.1%、-9.6%、3.4%、-9.1%、15.1%。这表明，在秸秆还田条件下，氮充足供应是盐渍化农田小麦生产的关键因素。

影响秸秆还田效应的因素较多，如气候、作物种类、土壤类型等（Pituello et al.，2016）。当前，人们对于秸秆还田对盐渍化农田作物生长的影响，了解还不多。本研究结果表明，在秸秆还田条件下，高氮处理能够提高小麦的产量及生物量，而低氮处理效果则相反。相关分析表明，小麦产量及生物量与土壤速效氮含量呈显著正相关，与土壤盐渍化程度相关性不显著。因此，充足的氮肥供应在秸秆还田盐渍化农田生产中发挥了重要作用。同时，盐渍化程度与小麦生长间的弱相关可能是试验处理间含盐量相差较小，且相对较低造成的。

施用秸秆使得土壤中氮素转化变得更为复杂，已有研究表明，秸秆施用在提高土壤微生物活性、生物量的同时，也增加了土壤氮素的固定（Devêvre et al.，2001）。微生物量的增加导致更多土壤有效氮参与氨基酸、核酸、氨基糖等化合物的合成，随后这些化合物经矿化被植物吸收、利用，或参与更为复杂的物质转化过程，形成较为稳定的土壤有机质组分。因此，土壤速效氮含量随秸秆施用及秸秆施用量的增加而降低。随着小麦的生长，土壤速效氮也随之降低，主要在于作物的吸收。在微生物作用下，土壤氮在秸秆还田农田中不断发生矿化与固定的过程，这对于减少氮素损失、提高氮素利用效率发挥积极作用。

6.4.4 氮磷养分与盐渍化土壤中的秸秆转化

微生物是土壤中秸秆腐解转化的主要驱动者，盐渍化土壤中碳源短缺，在盐胁迫条件下微生物活性显著下降。秸秆进入土壤后，微生物产生胞外酶促进秸秆分解，以产生碳源供微生物生长利用。因此，盐渍化土壤加入秸秆后，会引发微生物生物量增加、酶活性提高、土壤碳库增大等级联反应。但是，秸秆 C/N/P 为（300~500）/（6~8）/1，远大于微生物生物质的 C/N/P（60/7/1），从养分供应入手，可能能够调节秸秆进入盐渍化土壤后的最终归宿，进而增强土壤碳固持。

6.4.4.1　土壤理化性质

取自山东省滨州市沾化区一盐渍化农田表层土壤，经过筛、晾干后开展室内土壤培养试验。小麦秸秆洗净烘干后，切成 2~3 cm 的小段，与盐渍化土壤均匀混合，施加量为 10 g/kg。依据微生物生物质、秸秆化学计量 C/N/P、秸秆在盐渍化土壤中的腐解速率和微生物碳利用效率（CUE），设置 5 个处理：CK、ST、LO、MI、HI，具体见表 6-10。将不同处理土壤取 150 g 分别放入普通 250 mL 三角瓶和设有脱除 CO_2 部件的定制的 250 mL 三角瓶中，含水量调至 60%，置于 22 ℃条件下培养 28 d。培养期间第 1 d、第 3 d、第 5 d、第 7 d、第 14 d、第28 d,测定定制三角瓶中不同处理土壤 CO_2 的释放量；第 14 d、第 28 d 从普通三角瓶中取样测定秸秆腐解量及土壤属性。

表 6-10　试验处理设置

处理	施秸秆量/（g/kg）	施氮量/（mg/kg）	施磷量/（mg/kg）	CUE
CK	0	0	0	—
ST	10	0	0	—
LO	10	60	18	0.2
MI	10	120	36	0.4
HI	10	180	54	0.6

注：CUE 为微生物碳利用效率。

土壤培养结束后，主要土壤性质见表 6-11。不同处理间 pH 差异不显著，速效氮、有效磷含量随氮、磷施用量增加而增加；秸秆腐解大幅提高了土壤速效钾、可溶性有机碳（DOC）含量，土壤有机质在 MI 处理中最高，其次为 HI 和 LO 处理。

表 6-11　不同处理土壤性质比较

处理	pH	速效氮/（mg/kg）	有效磷/（mg/kg）	速效钾/（mg/kg）	可溶性有机碳/（mg/kg）	有机碳/（g/kg）
CK	7.93a	21.62c	16.16b	289.8d	40.7d	8.30c
ST	7.92a	23.15c	17.61b	348.7c	90.3b	8.41bc
LO	7.87a	26.79bc	18.91b	353.5c	93.2ab	8.57ab
MI	7.77a	35.04b	23.55a	386.9a	98.3a	8.73a
HI	7.81a	51.20a	23.92a	372.5ab	87.9bc	8.61a

注：同列不同字母表示差异显著（$P<0.05$）。

氮、磷施用显著降低了盐渍化土壤中秸秆残留量（图 6-19）。培养 14 d、28 d，与 ST 处理相比，HI 处理中秸秆残留量分别降低了 14.8%、22.3%；与 LO 处理相比，则分别下降了 10.7%、13.2%。MI 与 HI 处理中，秸秆残留量差异不显著。

相关分析表明，秸秆腐解量与土壤速效氮、有效磷含量呈显著正相关（$P<0.05$），随着秸秆、养分的施入，土壤微生物活性显著升高，进而导致秸秆腐解速率显著增加（$P<0.05$）。同时，氮、磷的施入，也导致了土壤微生物生物量碳氮比（SMBC/SMBN）、微生物生物量碳磷比（SMBC/SMBP）的改变，表明土壤微生物群落结构、组成也发生了变化。

6.4.4.2　土壤生物学性质

在相同秸秆施入量条件下，氮、磷施入显著增加了 SMBC、SMBN 的含量。整个培养过程中，SMBC 含量在 HI 处理中最高，其次为 MI 处理，CK 处理中最低（表 6-12）。除 14 d 处理 LO 外，MI、HI 处理中 SMBC 的含量显著高于其他处理（$P<0.05$）。随着培养时间延长，ST、LO 处理中 SMBC 含量显著增加（$P<0.05$），而 CK、HI、MI 处理中的变化趋势则相反。SMBN 变化趋势与

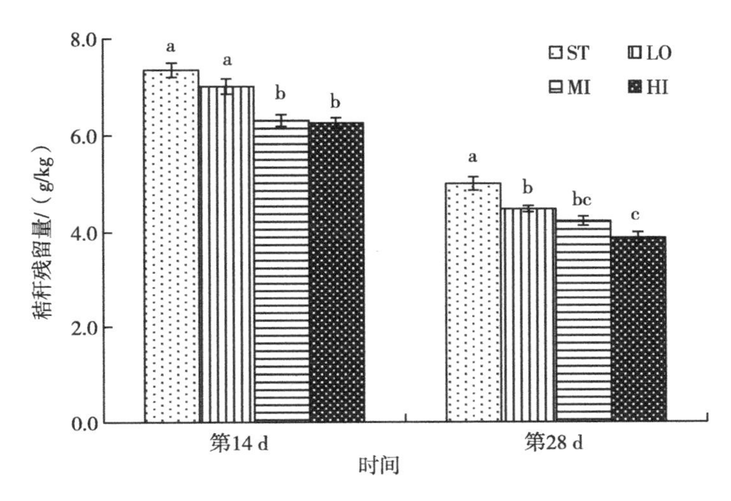

图 6-19 土壤培养期间不同处理中秸秆残留量

注：柱上不同字母表示处理间差异显著（$P<0.05$）。

SMBC 相似，HI 处理中 SMBN 含量最高，除 14 d 处理 MI 外，与其他处理相比较差异显著。SMBC 与 SMBN 比值（SMBC/SMBN）在 ST 处理中最高，随着 N 施入量增加而降低。P 施入有效增加了土壤 SMBP 含量，MI 与 HI 处理中含量显著高于 CK 和 ST 处理（$P<0.05$）。SMBC 与 SMBP 比值（SMBC/SMBP）在 MI 与 HI 处理中显著增加，除 LO 处理 28 d，与其他处理差异显著（$P<0.05$）。SMBC/SMBP 随 N、P 施入量增加而增加。

表 6-12 不同处理土壤微生物生物量比较

处理	SMBC/（mg/kg）	SMBN/（mg/kg）	SMBC/SMBN	SMBP/（mg/kg）	SMBC/SMBP
14 d					
CK	102. 6c	9. 13	13. 71c	4. 33c	61. 2c
ST	143. 5b	8. 44c	20. 13a	4. 48bc	82. 9b
LO	167. 3b	13. 37b	14. 67bc	4. 94b	87. 5b

（续表）

处理	SMBC/（mg/kg）	SMBN/（mg/kg）	SMBC/SMBN	SMBP/（mg/kg）	SMBC/SMBP
MI	238.4a	17.87ab	15.71b	6.09a	101.2a
HI	258.7a	19.06a	15.93b	5.81a	117.2a
28 d					
CK	96.2d	9.52d	12.11c	4.65c	53.4c
ST	185.5c	10.89d	19.83a	5.58b	85.9b
LO	213.1bc	14.49c	17.15b	5.74ab	96.2ab
MI	235.6ab	17.99b	15.39b	6.43a	95.0ab
HI	245.3a	21.78a	13.16bc	6.31a	100.8a

注：同一培养时间，同列不同字母表示处理间差异显著（$P<0.05$）；SMBC 为微生物生物量碳，SMBN 为微生物生物量氮，SMBP 为微生物生物量磷。

秸秆、氮磷施入能够不同程度地提高土壤酶活性（磷酸酶 APA、β-糖苷酶 BG、蛋白酶 PA、脲酶 UA，图 6-20）。HI 处理 APA 最高，CK 处理最低，除 ST 处理第 28 d 外，二者与其他处理差异均达到了显著水平（$P<0.05$）；在施用秸秆处理中，随着培养时间的延长，APA 持续增加，但 14 d 后，增加幅度显著降低。BG 活性在不同处理中变化趋势与 APA 活性相似，最高值出现在 HI 处理中，其次为 MI 处理，CK 处理最低；在秸秆处理中 PA 活性呈现先升后降的变化趋势，0~14 d呈现增加的趋势，14 d 后开始下降。其最高值也出现在 HI 处理中，第 14 d 显著高于 LO、ST、CK 处理，第28 d 显著高于 MI、ST、CK 处理（$P<0.05$）；与这 3 种酶变化趋势不同，UA 活性并未随氮磷施入而增加，其最高值出现在 MI 处理，与其他 4 个处理相比显著增加（$P<0.05$）。起始 UA 活性随氮磷施入而增加，而施入量超过 MI 处理时，则显著降低（$P<0.05$）。为了进一步分析土壤酶活性随秸秆、养分施入的变化，对单位生物量土壤酶活性进行了分析。结果发现，单位生物量 APA、BG 活性随氮、磷施入量的增加显著增加（$P<0.05$），而 UA 活性

则随秸秆、养分的施入显著降低（$P<0.05$）。

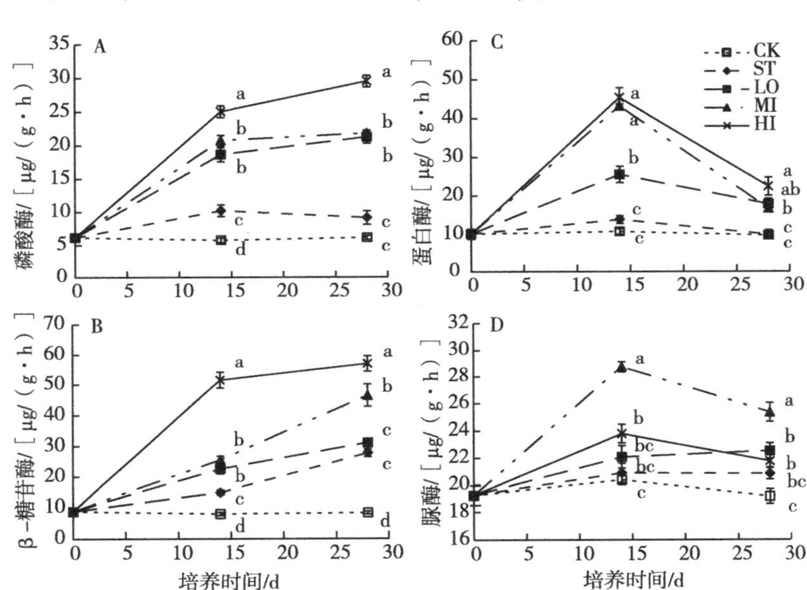

图 6-20　培养期间不同土壤酶活性变化

注：同一时间不同字母表示处理间差异显著（$P<0.05$）。

土壤酶是微生物分泌的产物，在元素地球化学循环中发挥重要作用。微生物群体及结构影响着土壤酶活性，同时，土壤酶活性也是微生物对环境中养分丰缺的一个表征。在盐渍化土壤中，由于养分缺乏，再加上盐胁迫，土壤酶活性往往较低。因此，随着秸秆、氮磷的施入，养分有效性增加，微生物的活性及生物量都得到了显著提高，进而酶活性（脲酶除外）得到提升，其幅度随着养分施入量的增加而增加。这可以从酶活性与秸秆腐解量、SMBC、SMBN、速效氮、有效磷呈正相关得到支持。已有的研究表明，污染土壤酶活性随着有机物料的加入而增加（Zubair et al.，2021），它与本试验的结果相似。培养 14 d 后，APA、GA 活性与 PA、UA

活性变化趋势相反，可能是因为盐渍化土壤微生物处于碳、磷营养限制状态，而氮营养比较充足。单位生物量土壤酶活性呈现出的不同变化，可能是因为不同土壤酶活性可能取决于微生物生物量，也可能取决于单位生物量的活性强度。

6.4.4.3 土壤 CO_2-C 释放及 CUE

土壤培养期间，CO_2-C 释放速率见图 6-21。随着秸秆的施入，土壤 CO_2-C 释放速率大幅增加，随着培养时间的延长，释放速率大幅降低。培养第 3 d、第 5 d、第 7 d，CO_2-C 释放速率最大值在 ST 处理，培养第 1 d、第 14 d、第 28 d 土壤 CO_2-C 释放速率在 HI、MI 处理中较高。

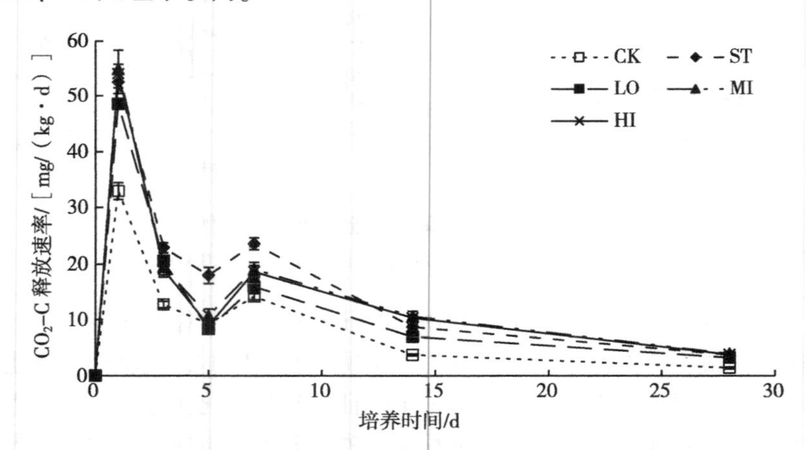

图 6-21　土壤培养期间不同处理 CO_2-C 释放速率

土壤培养期间，ST 处理中 CO_2-C 累积释放量最高，其次为 MI，CK 处理最低（图 6-22）。培养前 14 d，大约有 80%的 CO_2-C 得到释放，与 ST 处理相比，HI、MI、LO 处理累积 CO_2-C 释放量分别降低了 7.6%、4.1%、21.3%。

土壤培养期间，不同处理 qCO_2变化见图 6-23。ST 处理 qCO_2

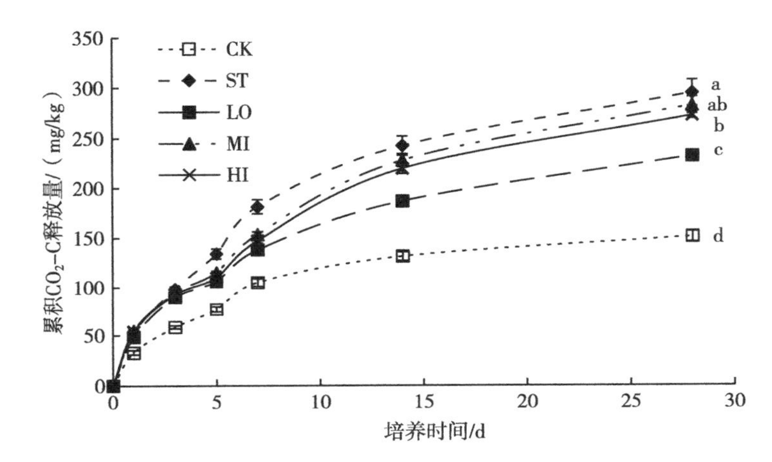

图 6-22　土壤培养期间不同处理中累积 CO_2-C 释放量

注：不同字母表示处理间差异显著（P<0.05）。

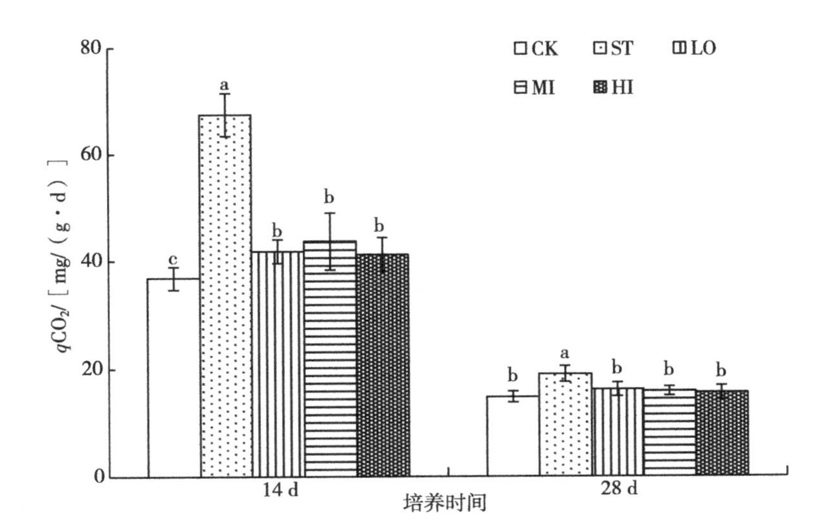

图 6-23　土壤培养期间不同处理 qCO_2 变化比较

注：同一时间不同字母表示处理间差异显著（P<0.05）。

最大，与其他4个处理相比，差异显著（$P<0.05$），最小值出现在CK处理。与ST处理相比，培养14 d，HI、MI、LO处理qCO_2分别降低了38.9%、35.3%、38.0%；培养28 d，HI、MI、LO处理qCO_2分别降低了18.3%、16.8%、15.1%。随培养时间的延长，各个处理qCO_2均显著降低（$P<0.05$）。

土壤培养期间，14 d不同处理CUE大小顺序为：MI>LO>HI≈ST；28 d不同处理CUE大小顺序为LO>HI>MI>ST（图6-24）。相关分析表明，累积CO_2-C释放量与CUE、DOC呈负相关，qCO_2与CUE、SOC呈负相关，速效氮、有效磷含量、CUE与DOC呈正相关。

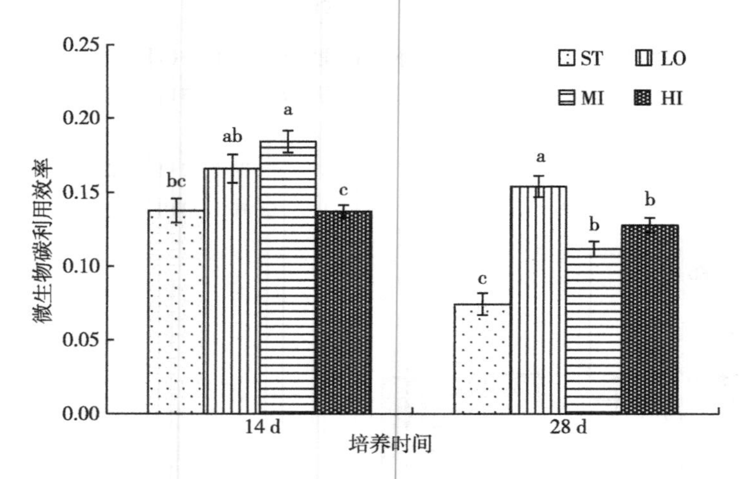

图6-24　土壤培养期间不同处理CUE变化比较

注：同一时间不同字母表示处理间差异显著（$P<0.05$）。

一般来说，秸秆在土壤中的归趋包括：矿化为CO_2；转化为微生物生物质，进而成为土壤有机质组分；直接转化为土壤有机质组分。养分输入显著影响秸秆转化进程，其主要表现是减少了秸秆矿化为CO_2这一过程。养分足量输入，促进了秸秆腐解产物转化为微生物生物质，从而降低了矿化的量。因此，随着微生物群体不断增加，土壤 CO_2-C 释放量会大幅降低，这也是 ST 处理土壤 CO_2-C 释放量显著高于氮磷养分施用处理的原因（$P<0.05$）。qCO_2同样表明，没有足量的养分输入，单纯施用秸秆导致秸秆碳大量矿化为 CO_2-C 释放。CUE 是碳利用效率的重要指标，本试验中 CUE 低于非盐渍化土壤（0.242），表明盐渍化土壤碳利用效率要较非盐渍化土壤低，其原因在于微生物在盐胁迫下，需要消耗大量能量来产生渗透物质，以消除胁迫的危害。因此，本试验结果表明，秸秆还田用来改良盐渍化土壤，足量施入氮、磷等养分，能够提高土壤有机碳含量，进而提升其改良效率。

6.4.5　秸秆还田与土壤团聚体

6.4.5.1　土壤团聚体形成

田间试验（见 6.4.3 部分）经过连续 4 年后，取表层（0~20 cm）土壤样品分析其不同处理团聚体组成及盐分分布。团聚体分级分别采用干筛、湿筛 2 种方法：>2 mm 大团聚体（LA）、0.25~2 mm 小团聚体（SA）、0.053~0.25 mm 微团聚体（MI）、<0.053 mm 粉黏粒（CS），通过平均重量直径（MWD）、团聚体稳定率（AR）来表征团聚体稳定性，结果见表 6-13。干筛分组中，大、小团聚体是土壤团聚体主要组分，其含量均在 70%以上。与 CK 处理相比，施用秸秆处理，其（LA+SA）含量显著增加 14.7%~19.0%。湿筛分组表明，大、小团聚体占比为 28.4%~37.6%，施用秸秆显著增加了大、小团聚体的含量，增幅为 21.1%~32.4%（$P<0.05$）。大团聚体含量随秸秆用量的增加而增加。秸秆施用显著增加了 MWD、AR，表明团聚体稳定性在施用秸秆处理土壤中增加。干筛、湿筛最大 MWD 分别出现在 2SN 和 2SN2 处理，最大 AR 出现在 SN2 处理。

表 6-13　不同处理土壤团聚体组成及稳定性

处理	LA/%		SA/%		LA+SA/%		MI/%		CS/%		MWD		AR/%
	干筛	湿筛	干筛	湿筛	干筛	湿筛	干筛	湿筛	干筛	湿筛	干筛	湿筛	
SN	44. 5ab	8. 6bc	43. 8ab	25. 8ab	88. 3a	34. 4b	7. 2b	19. 7ab	4. 5a	45. 9b	2. 06ab	0. 66bc	39. 3b
SN1/2	43. 8ab	7. 4c	41. 3ab	27. 0a	85. 1b	34. 4b	8. 8b	22. 1a	6. 4a	43. 5b	2. 01ab	0. 63c	39. 3b
SN2	46. 8a	9. 0bc	39. 7b	28. 6a	86. 5ab	37. 6a	8. 5b	20. 3ab	4. 9a	42. 2b	2. 10a	0. 70ab	42. 9a
2SN	49. 0a	11. 0ab	38. 5b	24. 8ab	87. 5a	35. 8ab	7. 8b	19. 9ab	4. 7a	44. 4b	2. 16a	0. 73a	40. 8ab
2SN2	38. 9bc	11. 9a	46. 7a	23. 5ab	85. 6b	35. 4ab	8. 3b	20. 9a	6. 1a	43. 8b	1. 90b	0. 75a	40. 4ab
CK	34. 7c	6. 7c	39. 5b	21. 7b	74. 2c	28. 4c	19. 6a	18. 3b	6. 1a	53. 3a	1. 68c	0. 54d	32. 5c

注：LA 表示>2 mm 大团聚体，SA 表示 0. 25～2 mm 小团聚体，MI 表示 0. 053～0. 25 mm 微团聚体，CS 表示<0. 053 mm 粉黏粒，MWD 表示平均重量直径，AR 表示团聚体稳定率；同列不同字母表示处理间差异显著（$P<0.05$）。

土壤盐渍化会导致土壤胶体上 Ca^{2+}被 Na^{+}取代，使得土壤结构变差。施用秸秆能够增加土壤团聚体含量，可能是因为秸秆腐解产生的有机物质能够将不同大小土壤颗粒胶联在一起形成不同粒级的团聚体，这种作用与秸秆施用量、质量及土壤性质有关（Gentile et al., 2011）。本试验结果表明，盐渍化土壤团聚体形成随秸秆施用量的增加而增加。同时，氮肥施用促进了土壤团聚体形成与稳定，与 CK 处理相比，SN1/2、SN、SN2 处理中水稳性大团聚体（>2 mm）、MWD、AR 分别增加了 21. 1%～32. 4%、16. 7%～29. 6%、20. 9%～32. 0%。相关分析表明（表 6－14），SOC（土壤有机碳）与总氮、SA、MI、CS 呈极显著正相关（$P<0.01$）。可见，氮施用能够促进土壤中有机碳的固持，其机制在于：第一，氮素能够促进秸秆腐解转化速率；第二，氮施入能够加快土壤微生物生长，微生物残体与代谢物是土壤有机质的重要来源；第三，氮能够减少秸秆施入产生的激发效应，降低秸秆碳矿化；第四，氮能够增加土壤有机碳分子中极性基团的数量，由此促进土壤有机无机复合体的形成。

表 6-14　土壤主要属性间相关分析

指标	pH	含盐量	SOC	DOC	速效氮	总氮	MWD	AR	K^+	Na^+	Ca^{2+}
含盐量	0.65**										
SOC	-0.60**	-0.56*									
DOC	-0.22	-0.56*	0.73**								
速效氮	-0.61**	-0.67**	0.67**	0.65**							
总氮	-0.52*	-0.66**	0.77**	0.76**	0.63**						
MWD	-0.55*	-0.56*	0.52*	0.51*	0.58**	0.56*					
AR	-0.26	-0.43	0.44	0.61**	0.49*	0.41	0.82**				
K^+	-0.76**	-0.83**	0.68**	0.40	0.60**	0.60**	0.60**	0.36			
Na^+	0.72**	0.87**	-0.71**	-0.67**	-0.79**	-0.68**	-0.73**	-0.55*	-0.81**		
Ca^{2+}	-0.24	0.38	-0.12	-0.11	-0.56*	-0.26	-0.20	-0.48*	-0.12	0.21	
Mg^{2+}	-0.79**	-0.39	0.53*	0.21	0.52*	0.27	0.56*	0.31	0.63**	-0.56*	0.40

注：SOC 表示土壤有机碳，DOC 表示可溶性有机碳，MWD 表示平均重量直径，AR 表示团聚体稳定率；* 表示相关性显著（$P<0.05$）；** 表示相关性极显著（$P<0.01$）。

6.4.5.2 盐分分布

经过4年连续试验，总土体中含盐量较试验前，SN、SN1/2、SN2、2SN、2SN2、CK处理分别下降了23.6%、20.5%、25.0%、26.6%、26.9%、18.1%。CK、SN1/2处理土壤含盐量较其他处理显著偏高（图6-25，$P<0.05$）。可见，施用秸秆能够有效降低表层土壤含盐量。秸秆处理中，不同团聚体组分中含盐量差异不显著，CK处理中大、小团聚体中含盐量显著高于微团聚体和粉黏粒（$P<0.05$）。同时，CK、SN1/2处理大、小团聚体土壤含盐量显著高于微团聚体和粉黏粒（$P<0.05$）。

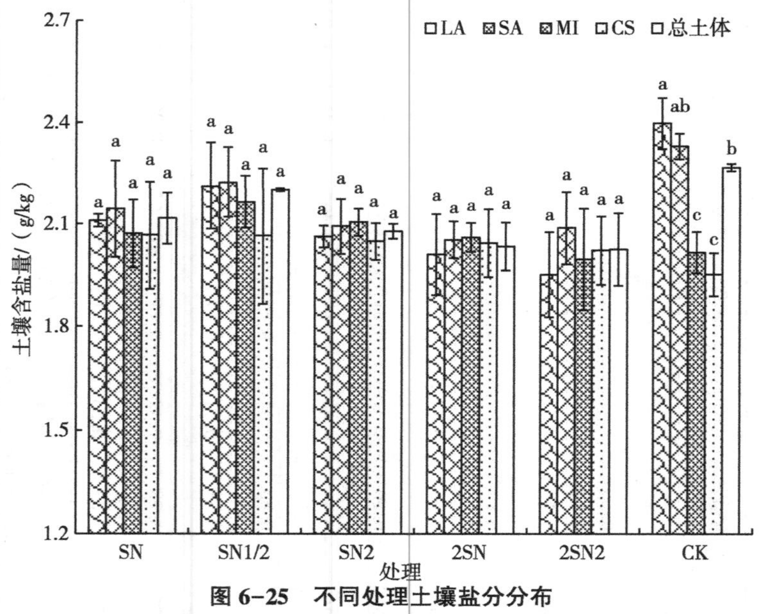

图6-25 不同处理土壤盐分分布

注：同一处理不同字母表示不同团聚体含盐量差异显著（$P<0.05$）。

在总土体及不同团聚体组分中K^{+}、Na^{+}、Ca^{2+}、Mg^{2+}含量及分布见图6-26。2SN、2SN2处理K^{+}、Mg^{2+}含量显著高于其他处理

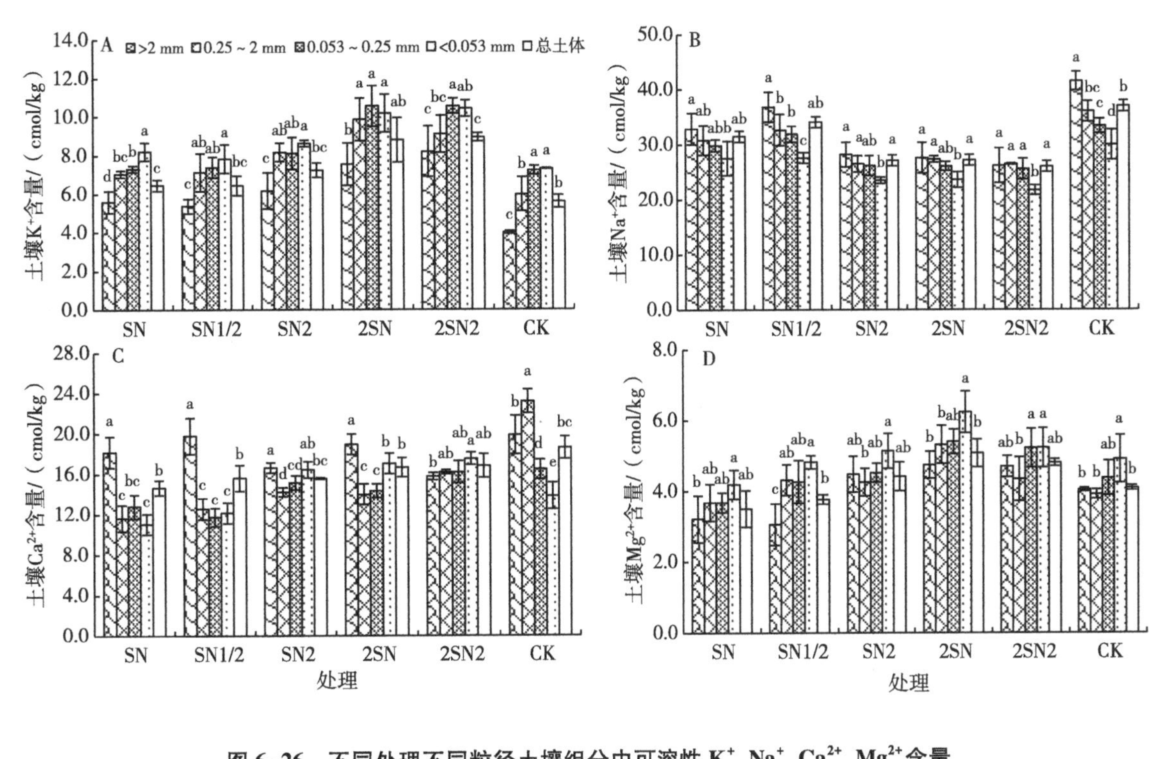

图 6-26　不同处理不同粒径土壤组分中可溶性 K^{+}、Na^{+}、Ca^{2+}、Mg^{2+} 含量

注：同一处理不同字母表示粒径间差异显著（$P<0.05$）。

（$P<0.05$），CK 处理 Na^+、Ca^{2+}含量显著高于施用秸秆处理（$P<0.05$）。K^+、Mg^{2+}含量随团聚体粒径的减小而增加，而 Na^+含量随团聚体粒径的减小而减少，SN、SN1/2、2SN 处理 LA Ca^{2+}含量显著高于其他组分（$P<0.05$）。同时，在低氮低秸秆施用量处理（SN、SN1/2、CK）大、小团聚体中 Ca^{2+}总含量显著高于微团聚体加粉黏粒中的含量（$P<0.05$）。

滨海土壤地下水埋深浅，秸秆施用能够增加土壤孔隙度和促进团聚体形成，进而有效抑制盐分从下层向上层迁移（Kim et al., 2017），这可以由相关分析结果得到证明：土壤含盐量与 MWD、DOC、SOC、总氮呈显著负相关（$P<0.05$）。提升土壤有机质含量和促进土壤团聚体形成是滨海盐渍化土壤改良的关键。团聚体形成能够影响盐分的分布，Na^+含量随团聚体粒径的增加而增加，可能是因为大团聚体中包含更多的阴离子，能够吸附更多的阳离子，尤其是含量高的 Na^+。在 CK 处理土壤中可溶性 Ca^{2+}含量显著偏高，可能因为 CK 处理 DOC、SOC 含量低，使得通过 Ca^{2+}联结土壤黏粒和有机质的过程减弱，更多的 Ca^{2+}是以游离态的离子形式存在于土壤胶体之中。Ca^{2+}含量与 SOC、DOC、MWD 呈负相关，与 AR 呈显著负相关能够证明这一推断。K^+、Mg^{2+}含量随团聚体粒径的减小而增加表明其参与了土壤团聚体形成过程。

4 年田间试验表明，秸秆还田配合足量氮肥供应能够有效降低土壤含盐量，促进土壤团聚体形成与稳定，进而改善土壤结构，抑制盐分由地下向地上迁移聚积。该技术适合滨海地区自然条件，可以有效缓解盐分在耕层土壤反复积聚的问题，发挥土壤肥力抑盐的作用，保障土壤生产与生态功能稳定。

6.4.6 秸秆还田与土壤有机碳（质）特性

经过连续 4 年田间试验，具体处理见 6.4.3 部分，采集耕层（0~20 cm）土壤，干筛法进行团聚体分析：>0.25 mm（MA）、0.053~0.25 mm（MI）、<0.053 mm（CS），分析土体、不同团聚

体组分中土壤有机碳（SOC）、可溶性有机碳（DOC）、氨基糖（氨基葡萄糖、氨基半乳糖、胞壁酸、总量）、真菌残体碳、细菌残体碳等含量，采用傅里叶红外光谱（FTIR）技术分析有机碳分子官能团等特征结构，具体分析方法见 Xie 等（2023）。

6.4.6.1 有机碳分布

不同粒径土壤组分有机碳含量等性质见表 6-15。与 CK 处理相比较，施用秸秆处理 SOC、DOC 含量分别提高了 1.1%~38.3%、4.5%~84.8%。对于总土体来说，SN2 处理 SOC 含量最高，与 CK、SN1/2、SN 处理差异显著（$P<0.05$）。在不同粒径团聚体组分中，MI 中 SOC 含量最高，其次为 MA，CS 最低，与 MI 比较差异显著（$P<0.05$）。DOC 变化趋势与 SOC 相似。速效氮（AN）、总有机氮（TON）含量随氮肥施用量的增加而增加，SN2、2SN2 处理最高，SN1/2、CK 处理最低，与其他处理相比差异显著（$P<0.05$）。在不同团聚体组分中，TON 变化趋势与 SOC 相似，3 种团聚体组分土壤 AN 含量在 SN1/2、2SN、2SN2 处理间差异不显著。

表 6-15 不同处理不同粒径土壤组分主要性质

指标	SN1/2	SN	SN2	2SN	2SN2	CK
总土体						
SOC/(g/kg)	7.82b	7.86b	8.88a	8.27ab	8.83a	7.52b
DOC/(mg/kg)	114.3b	106.3bc	171.3a	122.9b	163.2a	92.7c
TON/(g/kg)	0.53bc	0.57abc	0.63a	0.56abc	0.62ab	0.49c
AN/(mg/kg)	13.67d	23.48bc	32.38a	25.35b	34.25a	19.19cd
MA						
SOC/(g/kg)	7.57b	7.79b	8.69a	8.17ab	8.76a	7.49b
DOC/(mg/kg)	116.6cd	111.5de	151.7a	127.0bc	136.7ab	97.2e
TON/(g/kg)	0.54ab	0.56ab	0.62a	0.55ab	0.63a	0.47b
AN/(mg/kg)	13.37c	23.49b	32.93a	25.28b	34.68a	19.82bc

（续表）

指标	SN1/2	SN	SN2	2SN	2SN2	CK
MI						
SOC/(g/kg)	9.19bc	11.01a	11.06a	10.31ab	10.26ab	8.00c
DOC/(mg/kg)	135.4a	123.0ab	131.0a	120.5ab	123.3ab	105.9b
TON/(g/kg)	0.47d	0.53cd	0.77a	0.73ab	0.66abc	0.63bc
AN/(mg/kg)	16.08c	26.71b	31.38ab	26.69b	34.41a	15.78c
CS						
SOC/(g/kg)	6.81bc	7.66abc	8.45a	6.95bc	7.93ab	6.56c
DOC/(mg/kg)	122.0ab	135.1a	130.1a	123.7ab	130.2a	116.7b
TON/(g/kg)	0.31a	0.41a	0.42a	0.40a	0.41a	0.35a
AN/(mg/kg)	15.21b	17.94b	27.09a	24.25a	28.45a	17.51b

注：SOC，土壤有机碳；DOC，可溶性有机碳；TON，总有机氮；AN，速效氮；同行不同字母表示处理间差异显著（$P<0.05$）。

6.4.6.2 土壤有机碳红外光谱特征

不同处理土壤有机碳红外光谱特征见图 6-27，图 6-27A 为吸收图，图 6-27B 为相对吸收图（单个吸收值/5 个吸收值总和）。

与 CK 处理相比，秸秆处理总土体、MA、MI 中 3 400 cm^{-1}、1 440 cm^{-1}、1 030 cm^{-1} 吸收带强度分别增加了 12.1%～103.3%、1.0%～60.6%、22.9%～88.7%。SN 处理总土体 875 cm^{-1} 吸收最高，与 2SN、CK 处理差异显著（$P<0.05$）。红外光谱吸收带强度取决于土壤有机质分子中特征官能团含量，3 400 cm^{-1}、1 030 cm^{-1} 吸收带分别为土壤中植物秸秆和多糖/碳水化合物的表征（Tandy et al.，2010）。秸秆处理土壤中两个吸收带均有较强的吸收，表明施用秸秆能够提高土壤有机质含量，这与土壤分析结果一致。施用氮能够加快土壤中秸秆腐解转化，红外吸收结果表明，低氮处理土壤在 3 400 cm^{-1} 吸收增加，这从另一角度表明氮在秸秆腐解转化中具有重要作用。相对吸收可以用来表征单位有机质分子官能团的

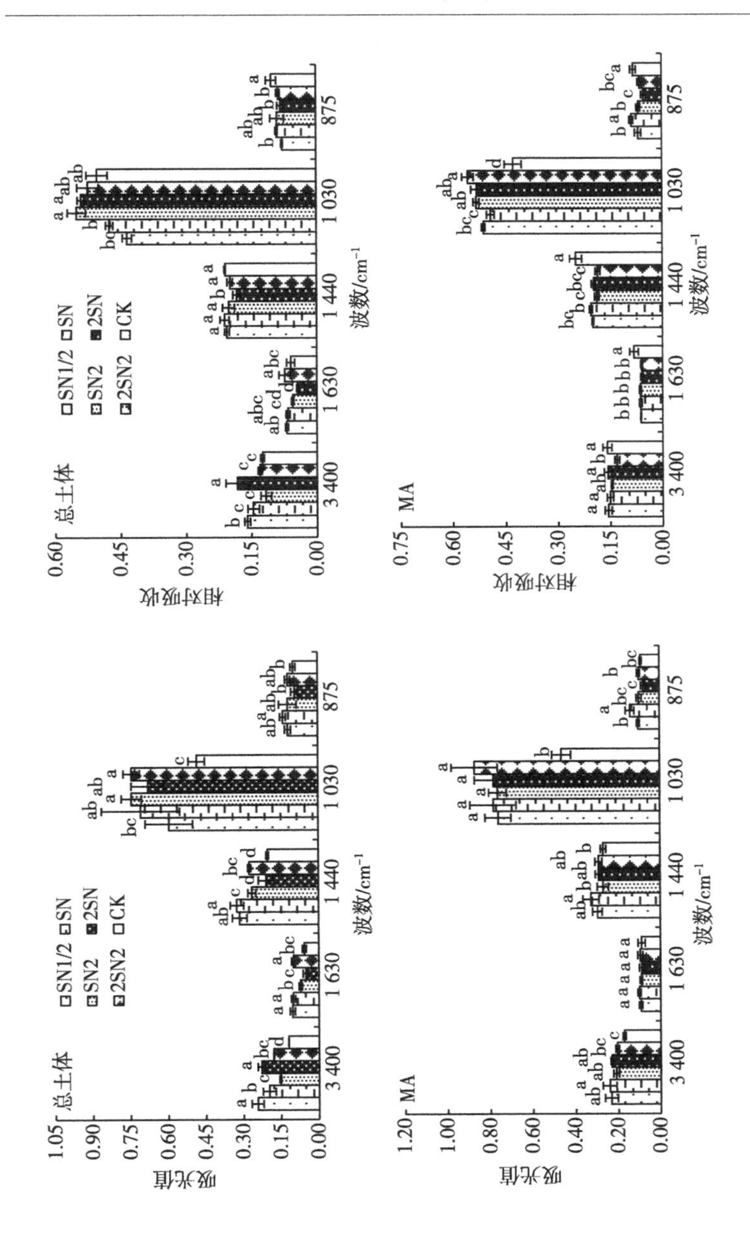
总土体
MA
□SN1/2 □SN
□SN2 ■2SN
□2SN2 □CK
吸光值
相对吸收
波数/cm^{-1}
3 400
1 630
1 440
1 030
875

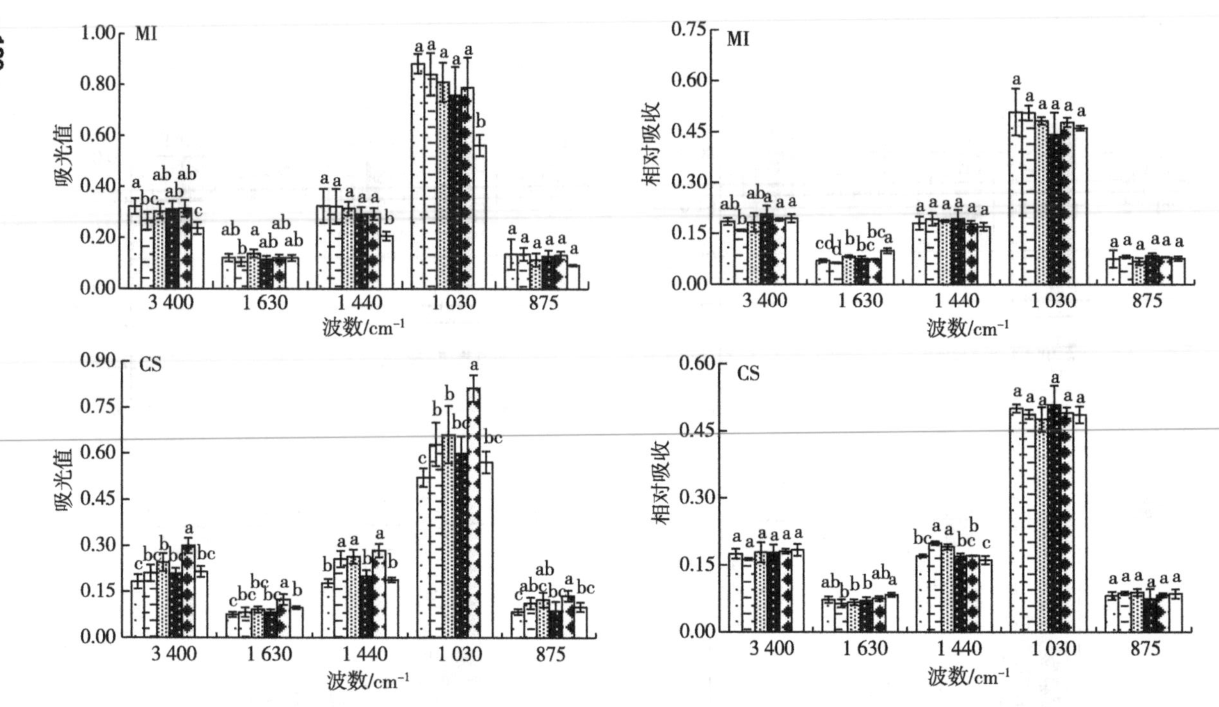

图 6-27 不同处理不同土壤组分红外光谱吸收特征

注：同一吸收带不同字母表示处理间差异显著（$P<0.05$）。

量，因而更能表征土壤有机质的化学组成。与 CK 处理相比，秸秆处理总土体、MA 组分在 875 cm^{-1}吸收强度降低了 11.9%～23.8%、17.0%～35.6%；1 630 cm^{-1}吸收强度降低了 7.4%～36.0%（SN1/2、SN 除外）。同时，1 030 cm^{-1} 特征带相对吸收增加了 3.5%～30.4%。这表明，利用秸秆改良盐渍化土壤后，土壤有机质结构发生了显著变化。

通过特征吸收带比值来表征秸秆腐解程度（A_{1630}/A_{3400}）、有机质稳定性（A_{1630}/A_{1030}）、芳香基占比（A_{875}/A_{1030}），结果见表 6-16。2SN 处理中总土体、MA 中 A_{1630}/A_{3400}、A_{1630}/A_{1030} 两比值与其他处理相比显著降低（$P<0.05$），表明大量施用秸秆，在没有足量供应氮肥情况下，秸秆转化与土壤有机质稳定性都将显著降低。CK 处理总土体、MA 组分 A_{875}/A_{1030} 比值均最大，表明未施用秸秆处理土壤有机质含有更多的稳定结构，如芳香基团。在秸秆处理中，MI、CS 组分 A_{1630}/A_{1030}、A_{875}/A_{1030} 较 MA 组分高，表明更多有机质惰性集团存在于 MI、CS 组分中。此外，相关分析表明，SOC 含量与 1 030 cm^{-1} 相对吸收呈显著正相关，与 875 cm^{-1}、1 630 cm^{-1} 相对吸收呈负相关，表明通过秸秆施用来快速提高土壤有机质含量，有机质稳定性会有所降低。

表 6-16　不同处理不同土壤组分红外吸收特征带比值

指标	SN1/2	SN	SN2	2SN	2SN2	CK
总土体						
A_{1630}/A_{3400}	0.429b	0.443b	0.474ab	0.255c	0.560a	0.475ab
A_{1630}/A_{1030}	0.140a	0.136a	0.103bc	0.085c	0.144a	0.119ab
A_{875}/A_{1030}	0.160b	0.186ab	0.166b	0.159b	0.170b	0.205a
MA						
A_{1630}/A_{3400}	0.402b	0.419b	0.440ab	0.382b	0.467ab	0.525a
A_{1630}/A_{1030}	0.110c	0.129b	0.121bc	0.113bc	0.123bc	0.193a
A_{875}/A_{1030}	0.135b	0.180a	0.128bc	0.101c	0.115bc	0.196a

（续表）

指标	SN1/2	SN	SN2	2SN	2SN2	CK
MI						
A_{1630}/A_{3400}	0.376c	0.399bc	0.462ab	0.367c	0.388c	0.510a
A_{1630}/A_{1030}	0.138cd	0.126d	0.170b	0.151bc	0.154bc	0.215a
A_{875}/A_{1030}	0.192a	0.161bc	0.140c	0.169ab	0.168ab	0.165b
CS						
A_{1630}/A_{3400}	0.413ab	0.391ab	0.372b	0.393ab	0.413ab	0.452a
A_{1630}/A_{1030}	0.144ab	0.131b	0.140ab	0.139ab	0.152ab	0.171a
A_{875}/A_{1030}	0.162a	0.178a	0.186a	0.178a	0.168a	0.176a

注：同行不同字母表示处理间差异显著（P<0.05）。

6.4.6.3 土壤有机质来源

不同处理土壤氨基糖含量见表6-17。土壤氨基糖含量随秸秆、氮施用量的增加而增加，与CK处理相比，秸秆处理总土体、MA、MI组分中氨基糖含量分别显著增加12.1%～34.8%、11.4%～40.0%、20.1%～59.1%（P<0.05）。在秸秆处理中，2SN2处理氨基葡萄糖、氨基半乳糖、总氨基糖含量最高，其次为SN2、2SN处理，SN1/2处理最低。可见，氮施用能够提高土壤氨基糖含量，原因在于：首先，氮施入促进了土壤微生物生长；其次，高氮含量减轻了土壤微生物通过对氨基糖分解来获得氮素的强度。与氨基葡萄糖、氨基半乳糖相比，胞壁酸含量大幅下降，其中总土体、MA组分中差异不显著；2SN2处理MI、CS中含量最高，与2SN、SN1/2、CK处理差异显著（P<0.05）。与总土体相比，MA组分与其含量相当，而MI组分氨基葡萄糖、氨基半乳糖、胞壁酸、总氨基糖含量分别增加了11.5%～48.0%、8.2%～40.0%、8.2%～34.8%、8.9%～44.4%；而CS组分氨基葡萄糖、氨基半乳糖、胞壁酸、总氨基糖含量分别降低了27.9%～36.6%、24.4%～41.3%、35.6%～59.0%、27.9%～37.7%。与CS相比，氨基糖在MA、MI

组分显著偏高，表明微生物源有机质作为团聚体形成的胶联剂主要存在土壤团聚体之中（Ding et al.，2015）。

表 6-17　不同处理不同土壤组分氨基糖含量　　　单位：mg/kg

指标	SN1/2	SN	SN2	2SN	2SN2	CK
总土体						
氨基葡萄糖	234.1c	251.3bc	289.3a	275.6ab	302.1a	224.2c
氨基半乳糖	115.8bc	123.5ab	125.5ab	125.7ab	133.4a	105.1c
胞壁酸	11.7a	12.0a	12.7a	14.0a	13.3a	12.0a
氨基糖总量	361.6cd	386.8bc	427.5ab	415.2a	448.9a	341.3d
MA						
氨基葡萄糖	240.1cd	245.2bc	277.8ab	269.7bc	307.6a	219.8d
氨基半乳糖	113.7bc	120.2ab	124.2ab	124.6ab	131.4a	107.0c
胞壁酸	11.9a	11.8a	13.1a	14.3a	12.6a	11.6a
氨基糖总量	365.6cd	377.2bc	415.1ab	408.5abc	451.7a	338.5d
MI						
氨基葡萄糖	285.4c	386.8a	397.8a	344.8b	394.4a	250.1c
氨基半乳糖	129.1cd	174.8a	151.1b	136.5bc	171.8a	113.7d
胞壁酸	14.6b	15.7ab	16.0ab	15.1b	17.9a	7.7c
氨基糖总量	429.1c	557.2a	564.8a	496.4b	584.0a	371.5d
CS						
氨基葡萄糖	166.7cd	173.1cd	183.7bc	198.4ab	207.6a	154.3d
氨基半乳糖	67.5b	74.0b	77.3b	94.4a	94.4a	65.8b
胞壁酸	5.6b	5.1b	5.4b	5.7b	8.5a	5.4b
氨基糖总量	239.9bc	252.2bc	266.3b	298.6a	310.5a	225.5c

注：同行不同字母表示处理间差异显著（$P<0.05$）。

基于氨基糖含量，不同处理细菌残体碳（BNC）、真菌残体碳（FNC）、微生物残体碳（MNC）见表 6-18。在所有处理中，总土体、MA、MI、CS 组分中真菌残体碳含量分别是细菌残体碳含量

表 6-18　不同处理不同土壤微生物残体碳含量与占比

处理	指标	MA			MI			CS			总土体		
		FNC	BNC	MNC	FNC	BNC	MNC	FNC	BNC	MNC	FNC	BNC	MNC
SN1/2	含量/(mg/kg)	807cd	228a	1 036cd	957c	283b	1 240c	574bc	99b	683cd	786c	227a	1 013c
	占比/%	10. 7ab	3. 0a	13. 7ab	8. 7d	2. 6b	11. 2e	8. 5ab	1. 6b	10. 1ab	10. 0b	2. 9a	12. 9a
SN	含量/(mg/kg)	826cd	228a	1 054bcd	1 257ab	303b	1 561ab	600bc	109b	698cd	847bc	232a	1 079bc
	占比/%	10. 7ab	2. 9a	13. 6ab	13. 8a	3. 3a	17. 1a	7. 8b	1. 3b	9. 1b	10. 8ab	3. 0a	13. 8a
SN2	含量/(mg/kg)	937ab	253a	1 190ab	1 356a	309b	1 665a	636ab	104b	741bc	981a	245a	1 226a
	占比/%	10. 8ab	2. 9a	13. 7ab	12. 3abc	2. 8b	15. 1bc	7. 6b	1. 2b	8. 9b	11. 1ab	2. 8a	13. 8a
2SN	含量/(mg/kg)	902bc	276a	1 178abc	1 169b	292b	1 461b	688a	110b	798ab	925ab	270a	1 195ab
	占比/%	11. 0ab	3. 4a	14. 4ab	11. 4bc	2. 8b	14. 2c	10. 0a	1. 6b	11. 6a	11. 2ab	3. 3a	14. 5a
2SN2	含量/(mg/kg)	1 047a	244a	1 292a	1 334a	346a	1 680a	707a	165a	872a	1 024a	257a	1 281a
	占比/%	12. 0a	2. 8a	14. 7a	13. 1ab	3. 4a	16. 4ab	9. 0ab	2. 1a	11. 2ab	11. 6a	2. 9a	14. 5a
CK	含量/(mg/kg)	735d	225a	960d	865c	148c	1 013d	530c	105b	635d	749c	232a	980c
	占比/%	9. 8b	3. 0a	12. 8b	10. 9c	1. 9c	12. 7de	8. 1ab	1. 6b	9. 7ab	10. 0b	3. 1a	13. 1a

注：同列不同字母表示处理间差异显著（$P<0.05$）。

2.49~3.59 倍、2.61~5.23 倍、3.59~5.69 倍、2.46~3.28 倍。这可能是因为真菌残体较细菌残体更稳定，不易降解。MA、MI、CS 组分 FNC/BNC 分别为 3.47~4.59、3.62~6.25、4.58~6.71，呈现随团聚体粒径的降低比值增加的趋势，这预示着真菌残体较细菌残体更能促进团聚体的形成。真菌残体碳含量随秸秆、氮施用量的增加而增加，2SN2 处理最高，其次为 SN2、2SN 处理，CK 处理最低。细菌残体碳含量变化与真菌相似。

6.4.6.4　土壤盐渍化与有机碳稳定

相关分析结果显示，土壤含盐量与 3 400 cm^{-1}吸收强度呈显著正相关，与 1 030 cm^{-1}吸收强度呈显著负相关（$P<0.05$），清晰地表明土壤盐渍化抑制了秸秆向土壤有机质转化的进程，进而导致大量秸秆早期残体在土壤中的集聚，这与笔者前期研究结果相吻合，即随着土壤盐渍化程度的增加，<2 mm 秸秆腐解残留物会显著增多。同时，土壤含盐量与 875 cm^{-1} 吸收强度呈显著正相关，与 SOC、DOC、FNC、BNC 呈显著负相关（$P<0.05$），表明在盐渍化条件下，有机质分子拥有更多的化学惰性官能团，盐渍化也降低了土壤微生物残体的集聚。真菌残体碳、细菌残体碳、微生物残体碳对 SOC 的贡献率分别为 7.6%~14.7%、1.2%~3.4%、8.9%~17.1%（表 6-18），真菌残体对土壤有机质的贡献要大于细菌（Angst et al.，2021）。在 MA、MI 组分中，秸秆处理真菌残体、微生物残体对有机质的贡献要高于 CK 处理，表明秸秆和氮施用增加了微生物残体的集聚。微生物残体对土壤有机质的贡献与土地利用、生态系统特性等相关，本研究结果略低于已有的盐渍化土壤的报道值（20%左右）（Chen et al.，2021）。盐渍化土壤有机质微生物残体占比低的原因可能与盐渍化条件下微生物生长受到抑制，碳利用效率低有关。这种盐渍化条件下主要植物源的有机质形成途径。(经腐解、转化、集聚或选择性保留了高含量的化学惰性官能基团)，可能是保持有机质稳定的一种途径。

主要参考文献

戴志刚, 鲁剑巍, 周先竹, 等, 2013. 中国农作物秸秆养分资源现状及利用方式. 湖北农业科学, (1): 27-29.

李振声, 欧阳竹, 刘小京, 等, 2011. 建设“渤海粮仓”的科学依据:需求、潜力和途径. 中国科学院院刊, 26 (4): 371-374.

廉晓娟, 李明悦, 王艳, 等, 2013. 滨海盐渍土改良剂的筛选及应用效果研究. 中国农学通报, 29 (14): 150-154.

殷云龙, 於朝广, 华建峰, 等, 2012. 豆科植物田菁对滨海盐土的适应性及降盐效果. 江苏农业科学, 40 (5): 336-338.

ANGST G, MUELLER K E, NIEROP K G J, et al., 2021. Plant- or microbial-derived? A review on the molecular composition of stabilized soil organic matter. Soil Biology & Biochemistry, 156: 108189.

BARZEGAR A R, OADES J M, RENGASAMY P, et al., 1994. Effect of sodicity and salinity on disaggregation and tensile strength of an alfisol under different cropping systems. Soil Tillage & Research, 32: 329-345.

BLAIR G J, LEFROY R D B, LISLE L, 1995. Soil carbon fractions based on their degree of oxidation, and the development of a carbon management index for agricultural systems. Australian Journal of Agricultural Research, 46: 1459-1466.

CHEN J C, WANG H, HU G Q, et al., 2021. Distinct accumulation of bacterial and fungal residues along a salinity gradient in coastal salt-affected soils. Soil Biology & Biochemistry, 158: 108266

CHENG S H, WILLMANN M R, CHEN H C, et al., 2002. Calcium signaling through protein Kinases. The Arabidopsis calcium dependent protein kinase gene family. Plant Physiology, 29: 469-485.

DEVÊVRE O C, HORWÁTH W R, 2001. Stabilization of fertilizer nitrogen-15 into humic substances in aerobic vs. water logged soil following straw incorporation. Soil Science Society of America Journal, 65 (2): 499-510.

DING X, LIANG C, ZHANG B, et al., 2015. Higher rates of manure application lead to greater accumulation of both fungal and bacterial residues in macroaggregates of a clay soil. Soil Biology & Biochemistry, 84: 137-146.

GENTILE R, VANLAUWE B, SIX J, 2011. Litter quality impacts short- but not long-term soil carbon dynamics in soil aggregate fractions. Ecological Applications, 21 (3): 695-703.

HBIRKOU C, MARTIUS C, KHAMZINA A, et al., 2011. Reducing topsoil salinity and raising carbon stocks through afforestation in Khorezm, Uzbekistan. Journal of Arid Environment, 75: 146-155.

KAMBLE P N, GAIKWAD V B, KUCHEKAR S R, et al., 2014. Microbial growth, biomass, community structure and nutrient limitation in high pH and salinity soils from Pravaranagar (India). European Journal of Soil Biology, 65: 87-95.

KHAN K, GATTINGERB S A, BUEGGERB F, et al., 2008. Microbial use of organic amendments in saline soils monitored by changes in the $^{13}C/^{12}C$ ratio. Soil Biology & Biochemistry, 40: 1217-1224.

KIM Y J, CHOO B K, CHO J Y, 2017. Effect of gypsum and rice straw compost application on improvements of soil quality during desalination of reclaimed coastal tideland soils: ten years of long-term experiments. Catena, 156: 131-138.

LUNDMARK A, OLOFSSON B, 2007. Chloride deposition and distribution in soils along a deiced highway-assessment using different methods of measurement. Water Air & Soil Pollution, 182: 173-185.

OADES J M, WATERS A G, 1991. Aggregate hierarchy in soils. Australian Journal of Soil Research, 29: 815-828.

PITUELLO C, POLESE R, MORARI F, et al., 2016. Outcomes from a long-term study on crop residue effects on plant yield and nitrogen use efficiency in contrasting soils. European Journal of Agronomy, 77: 179-187.

RASUL G, APPAHN A, MÜLLER T, et al., 2006. Salinity induced changes in the microbial use of sugarcane filter cake added to soil. Applied Soil Ecology, 31 (1-2): 1-10.

ROUSK J, BROOKES P C, BÅÅTH E, 2009. Contrasting soil pH effects on fungal and bacterial growth suggests functional redundancy in carbon mineralization. Applied Environment Microbiology, 75: 1589-1596.

SETIA R, RENGASAMY P, MARSCHNER P, 2014. Effect of mono- and divalent cations on sorption of water- extractable organic carbon and microbial activity. Biology & Fertility of Soils, 50: 727-734.

TANDY S, HEALEY J R, NASON M A, et al., 2010. FT-IR as an alternative method for measuring chemical properties during composting. Bioresource Technology, 101: 5431-5436.

TIROL-PADRE A, LADHA J K, 2004. Assessing the reliability of permanganate-oxidizable carbon as an index of soil labile carbon. Soil Science Society of America Journal, 68: 969-978.

WICHERN J, WICHERN F, JOERGENSEN R G, 2006. Impact of salinity on soil microbial communities and the decomposition of maize in acidic soils. Geoderma, 137: 100-108.

XIE W J, SHAO P S, ZHANG Y P, et al., 2023. Saline soil organic matter characteristics of aggregate size fractions after amelioration through straw and nitrogen addition. Land Degradation & Development, 34: 2098-2109.

YE R Z, DOANE T A, MORRIS J, et al., 2015. The effect of rice straw on the priming of soil organic matter and methane production in peat soils. Soil Biology & Biochemistry, 81: 98-107.

ZHANG K, MIAO C C, XU Y Y, et al., 2009. Process fundamentals and field demonstration of wheat straw enhanced salt leaching of petroleum contaminated farmland. Environmental Science, 30: 231-236.

ZHAO Y G, LI Y Y, WANG J, et al., 2016. Buried straw layer plus plastic mulching reduces soil salinity and increases sunflower yield in saline soils. Soil & Tillage Research, 155: 363-370.

ZUBAIR M, RAMZANI P M A, RASOOL B, et al., 2021. Efficacy of chitosan-coated textile waste biochar applied to Cd-polluted soil for reducing Cd mobility in soil and its distribution in moringa (*Moringa oleifera* L.). Journal of Environment Management, 284: 112047.

第七章　黄河三角洲盐渍化土壤治理技术体系

实施“藏粮于地、藏粮于技”战略，提升耕地质量，是保障国家粮食安全的有效途径。我国盐渍（碱）化土壤分布广泛，是重要的后备耕地资源，部分盐渍化土壤经改良后，具备粮食生产能力，初步统计仅环渤海地区就超过 140 多万 hm^2，蕴藏着巨大的粮食生产能力，这对于夯实国家粮食安全的根基具有重要意义。同时，黄河三角洲濒临渤海，具有地下水埋藏浅、矿化度高的问题，盐渍化土壤利用还要因地制宜，坚持宜粮则粮、宜草则草、宜渔则渔的原则。选择交通便利的位置进行设施农业生产也是近几年成功探索出的盐渍化土壤利用模式。但是，盐渍化土壤无论采用哪种利用方式，人们对盐渍化土壤中关键过程，如碳累积、养分循环、微生物群体演变等，应有深入系统的认识。当前，与其他非盐渍化土壤相比，这方面的认识还十分不足，导致改良技术创新缺乏、针对性不足，真正低投入、操作简便、效果持续的改良技术与产品仍很缺乏。在大量室内试验、田间试验基础上，笔者探索了农田盐渍化土壤有机碳累积特征、耕层抑盐和结构改善机制，形成较为完善的改良治理思路（图 7-1），构建适合黄河三角洲盐渍化土壤改良技术体系。

7.1　盐渍化土壤治理技术现状

滨海盐渍化土壤受地理位置制约，开展盐渍化土壤改良要坚持脱盐与抑盐并重的原则，改良过程一般要经历脱盐、培肥、抑盐的

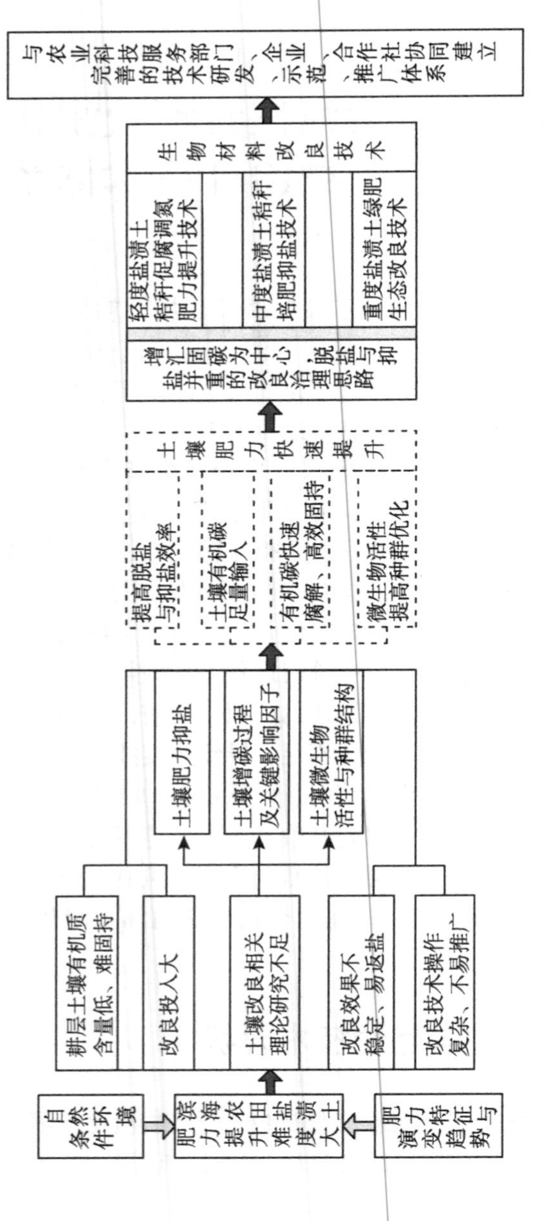

图 7-1　盐渍化土壤修复技术路线

环节，培肥关键是提升土壤有机质含量，随着土壤有机质含量的提升，土壤自身抑盐能逐步增强，生产与生态服务功能得到保障。当前，盐渍化土壤采用的改良技术多种多样，但基本可以归纳为台田、沟排、暗管排盐、有机物料、化学改良剂、耐盐（盐生）植物、微生物菌剂等几个方面。

7.1.1　盐渍化土壤治理技术应用状况

水是制约盐渍化土壤改良的关键，而盐渍化区域大多面临着灌溉水水源不足的问题。针对这一问题，人们在实践中创造出了“上粮（农）下渔”盐渍化土壤改良模式，修建台田，抬高土地，通过雨季淋洗，不断将土壤中大量盐分排除，以降低土壤含盐量。这种方法简便易行，投资少，排盐效果显著；但是台田周围水体含盐量高，养殖品种及效益受限。

暗管排盐技术引入我国已有多年，其通过灌溉或雨水洗脱盐分后进入暗管排出土体，排盐速率快，需要把握的关键环节：管材选择，目前常用聚氯乙烯、聚乙烯波纹管，根据地力情况，选择管径；管埋深，根据地块土壤和水文条件来确定，一般在滨海地区埋深为1.0~1.3 m，埋深直接影响脱盐效率，埋设前应开展埋深试验；埋管间距，其与土壤质地、地下水状况、管径及埋深等有关，可以通过理论计算的方法进行确定，如Spreedsheef程序等，滨海地区一般埋距为10~12 m，黏质土壤较砂质土壤要小一些；埋管坡降，坡降可以根据不产生淤积的最小流速来确定，一般埋管坡降与地表坡降一致，在地势平坦地块，一般采用0.1%；滤料，应选择耐腐、无害、成本低的透水材料，包括有机、无机、合成等类型，无纺布应用较多。

耐盐（盐生）植物种植对于重度盐渍化土壤改良作用显著，当前种植较多的植物有田菁［*Sesbania caanabina*（Retz）Pers］、苜蓿（*Medicago sativa* L.）、菊芋（*Helianthus tuberosus* L.）、盐地碱蓬［*Suaeda fruticosa*（L.）Pau］、猪毛菜（*Kali collinum*）、梭梭

(*Haloxylon recurvum* Bunge)、三叶草(*Trifolium repens*)、柳枝稷(*Panicum virgatum* L.)等，其主要作用在于通过根系分泌物、植株及凋落物等向土壤输入有机物质，提升土壤有机质含量，同时聚盐型植物还能够通过植株带走大量盐离子，植物根际微域能够产生低 pH 环境，驱动沉淀态钙释放 Ca^{2+}释放，取代土壤胶体上的 Na^{+}，促进土壤结构改良。耐盐（盐生）植物种植成本低、见效快，对于重度盐渍化土壤改良有很大的应用潜力。通过绿肥来改良盐渍化土壤也属于这一技术范畴。

隔层阻盐技术通过设置隔盐层来破坏土体连续的毛管系统，进而有效阻止盐分自下向上迁移。常用隔层材料有河沙、炉渣、陶粒、蛭石、秸秆等，隔层埋设深度要根据地块土壤属性、水文状况、土地利用方式等来确定。该技术由于埋设隔层需要专用机械，投入相对增加。同时，隔层设立打断了土壤连续性，对土壤保墒及物质、能量流动会产生一定影响。隔层材料选用河沙、沸石等与土壤矿物质类似材料，这一反向作用会有所减弱。

耕作改良技术是通过耕作措施来起到改良的效果，主要有深耕深松、地表覆盖（秸秆覆盖、地膜覆盖、植被覆盖等）、沟渠配套等。这些措施一是抑制土壤蒸发，减少盐分由下向上移动；二是增强脱盐的效果，加快盐分在土壤中的移除速率和效率。

7.1.2 盐渍化土壤治理投入品

(1) 秸秆　作物秸秆是重要的盐渍化土壤改良材料，秸秆施入土壤中，经腐解转化成为土壤有机质，促进土壤团聚体形成，由此带动土壤肥力的提升。同时，秸秆含有氮、磷、钾大量养分，在腐解中也会逐步释放。由于不同盐渍地区气候差别很大，秸秆施用方式存在差别，秸秆粉碎后与耕层土壤混合，更适合盐渍化土壤改良，粉碎秸秆可以加快土壤脱盐速率，同时提高土壤孔隙度，有效抑制盐分上移。经 4 年试验，黄河三角洲秸秆还田不会对下季作物生产产生影响。

（2）有机肥　主要作用是提高盐渍化土壤有机质，进而促进土壤肥力提升。目前，有机肥种类多，原料来源差别较大，针对盐渍化土壤的有机肥产品目前还很少。有机肥中有机碳进入盐渍化土壤后，将如何进行转化，最终归宿如何，现在报道还不多，这是今后应系统研究的一个问题。同时，结合土壤盐渍化程度等，确定有机肥适宜用量，降低施用成本等，也是改良中需要关注的问题。

（3）化学改良剂　这类物质很多来自工业副产品或固体废弃物，如磷石膏、秸秆粉、糠醛渣、硫酸亚铁、硫酸铝等，其主要机制：通过 Ca^{2+}、Mg^{2+} 等高价阳离子取代 Na^{+}，从而促进土壤结构等的改良；通过键合作用等与土壤有机质结合，促进土壤固碳；小分子活性有机质分子促进土壤微生物活性提升，带动土壤团聚体形成。此外，有些化学改良剂能够调节土壤 pH，土壤有很大缓冲能力，这类改良剂的效果需要在实践中加以验证。

（4）微生物制剂　当前微生物制剂很多，但能够在盐渍化环境中发挥作用的微生物产品较少，一些在非盐渍化土壤中能发挥作用的微生物，在盐胁迫条件下可能功能丧失，甚至不能生存。针对盐渍化生境条件研发微生物产品是盐渍化土壤改良的关键。当前功能微生物菌剂主要包括：①腐熟剂，主要用于盐渍化秸秆腐解转化，尤其是针对重度盐渍化土壤微生物活性低、秸秆腐解转化慢问题；②解磷解钾等微生物，施入土壤能够将土壤中磷钾养分转化为生物有效态形式供植物生长利用；③促生菌，这类微生物能够提高植物耐盐能力，促进植物生长，主要通过调节植物激素、改善养分吸收等途径。复合微生物菌剂（群），可能是今后微生物菌剂研发的一个重要方向。

（5）组合调理剂　将功能微生物、化学改良剂、腐植酸、氨基酸、有机肥等 2 种或多种组合起来，应用于盐渍化土壤改良，常见的有生物有机肥、土壤调理剂等。

7.2 不同盐渍化程度土壤治理技术体系构建

遵循科学利用盐渍化土壤资源的原则，土壤盐渍化程度、立地条件以及所在区域的气候条件决定了土壤的利用方向。不同盐渍化程度土壤属性差别很大，在改良技术和改良产品选择上也存在很大不同，不考虑盐渍化程度而制定改良技术体系，往往会导致改良效果较差、生产效益低等问题。

7.2.1 轻度盐渍化土壤治理技术体系

该技术适用于耕层土壤含盐量小于 2.0 g/kg 的轻度滨海盐渍化农田。技术核心在于通过全量秸秆还田为土壤输入充足有机碳，施用秸秆腐熟剂与适量增氮措施相结合，加快秸秆腐解，实现高效转化，促进土壤有机质含量提升，改善土壤结构，打造“淡化”耕土层，有效克服滨海农田返盐退化的问题。该技术体系关键点包括：通过机械收获将小麦、玉米秸秆粉碎至 5~10 cm 碎片，施入促腐剂，旋耕 10 ~ 15 cm 与耕层土壤混合，每季还田量 5 000 kg/hm^{2}左右，施速效氮肥（纯氮）240 kg/hm^2（冬小麦季）、270 kg/hm^2（夏玉米季）、磷（P）40~45 kg/hm^2，其中促进秸秆碳固持氮肥用量（纯氮）不低于 60 kg/hm^2，调节秸秆与基肥氮 C/N 为 15，播前施用高效解磷拌种剂。在技术推广应用地区小麦每公顷产量突破 7 500 kg，玉米每公顷产量超过 9 000 kg，秸秆腐解速率较对照地块提高 20%以上，土壤有机质年均增量达 4.0%，土壤肥力得到了快速提升。

7.2.2 中度盐渍化土壤治理技术体系

该技术适用于土壤含盐量为 2.0~4.0 g/kg 的中度滨海盐渍化农田。技术核心在于发挥盐渍化土壤中秸秆脱盐、抑盐、培肥的功效，通过调整施肥模式、适量增施氮肥，在满足作物生产需求的同时，引导更多秸秆碳向土壤碳库转化。同时，施用高效植物促生菌拌种剂，促进作物生长，提高输入土壤有机碳量，加快土壤有机质累积，增强自身抑盐能力，削弱滨海区域盐分在耕层土壤反复积聚的问题。该技术关键要点包括：通过机械收获将作物秸秆粉碎至 5～10 cm，旋耕 10～15 cm 使秸秆与耕层土壤混合，施速效氮肥（纯氮）230 kg/hm^2（冬小麦季）、260 kg/hm^2（夏玉米季）、磷（P）40 kg/hm^2。其中促进秸秆碳固持氮肥用量（纯氮）不低于60 kg/hm^2，秸秆与基肥氮 C/N 调为 15 左右，采用 3 次施氮方式，追施抽穗肥，稳定氮素供应。该技术应用 3 年多来，土壤含盐量降低达 15.4%～30.6%，土壤有机质年均增长约 3.5%，与对照比较小麦增产 11.0%～16.0%、玉米增产 10.2%～12.9%。

7.2.3　重度盐渍化土壤治理技术体系

该技术适用于土壤含盐量为 4.0～6.0 g/kg 的滨海重度盐渍化农田。通过种植耐盐绿肥植物田菁，提高土壤盖度、降低土壤蒸发、抑制返盐，提高脱盐效果，施用磷石膏促进田菁生长、改善土壤结构。同时，田菁秸秆全量还田为重度盐渍化土壤输入有机碳；施用生物有机肥，提高土壤微生物活性；加入耐盐腐熟剂，促进秸秆有机碳腐解转化，快速提高土壤有机碳含量，降低含盐量，促进土壤肥力整体提升。当土壤含盐量降至 3.5 g/kg 以下时，进行冬小麦种植，实现土地全年植被覆盖，抑制返盐，加快改良进程。主要技术要点包括：田菁 5—6 月播种，施用磷石膏 2 250 kg/hm^2，9 月中旬将田菁整株还田，秸秆粉碎成 5～10 cm 碎片，施速效氮 120 kg/hm^2、生物有机肥 3 000 kg/hm^2，旋耕 10～20 cm，使秸秆与耕层土壤混合，促进秸秆腐解转化。依据改良土壤地力条件，田菁种植 1～2 年后，可达到小麦种植基本地力条件，麦收后进行田菁种植。利用该技术改良 2～3 年后，耕层土壤含盐量降到 3.0 g/kg 以下，降低幅度达 32.2%～56.3%，土壤有机质含量年增加 10%以上，具备了中度盐渍化土壤的地力条件。

7.3　盐渍化土壤治理在固碳减排中的重要意义

土壤是重要的碳汇，全球 2 m 深土壤储存的有机碳达 24 000 亿 t，土壤碳库的微小变化都能对大气 CO_2 浓度产生强烈影响。第 21 届联合国气候变化大会发起的“千分之四”计划，彰显了土壤碳库储量在应对气候变化中的重要地位。土壤固碳与肥力培育是协同的，提高有机质含量是盐渍化土壤改良培肥的核心。全球有超过 6.0%的农田土壤存在不同程度的盐渍化问题，且仍呈上升趋势（杨劲松等，2022）。据 Setia 等（2012）估算，由于盐渍化，至 2100 年全球约有 6.8 Pg 土壤有机碳遭受消减损失，超过了大气碳储量的 0.8%，可见，盐渍化土壤固碳在全球碳循环调控中将发挥重要作用。

7.3.1　土壤有机碳稳定及机制

土壤碳汇功能的形成取决于土壤固碳量和有机碳稳定性，最近几年国内外学者在土壤固碳领域的研究取得了一系列进展。在来源上，目前一般认为是由进入土壤的植物残体腐解转化与微生物残体组成，存在植物源和微生物源两个来源（Angst et al.，2021），这与传统的有机质（碳）形成认识存在较大差异。土壤有机碳的稳定性对土壤固碳能力也有很大影响，目前一般认为土壤有机碳稳定主要有 3 种保护机制。

7.3.1.1　物理机制

土壤团聚体是有机碳聚存的重要场所，团聚体的形成是生物、非生物和环境因子共同作用的结果。团聚体可以通过多种机制提高有机碳的稳定性：首先，团聚体会在微生物和底物之间起到物理隔离的作用；其次，团聚体中微生物和酶的扩散能力受到限制，抑制了微生物的分解作用；最后，团聚体内部氧气浓度往往较低，能够抑制微生物的分解作用（周正虎等，2022）。研究发现，团聚体破坏后，有机碳的矿化速率是未破坏前的 300%～878%（Barreto et al.，2009）。

7.3.1.2　化学机制

土壤中不同来源的有机碳分子可以与矿物质结合，形成矿质结合态有机碳，大大提高其稳定性。研究发现，与蒙脱石结合的有机碳其年龄可达上千年，与高岭石结合的有机碳年龄也达到了 360 年（Wattel-Koekkoek 等，2003）。这种结合取决于矿物质的含量、类型和表面特性，其作用方式包括：离子交换、离子桥、氢键、配位体交换、范德华力、疏水作用等（Kleber et al.，2021；图 7-2）。土壤金属氧化物较层状硅酸盐矿物具有较大的比表面积和电荷量，能够吸附更多的有机碳。2∶1 型硅酸盐矿物较 1∶1 型土壤矿物具

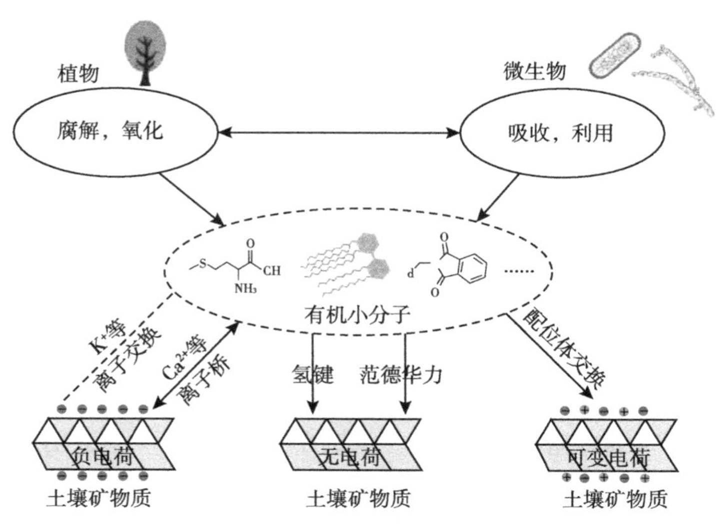

图 7-2　矿质结合态有机碳形成示意图

有更大的表面积，结合碳容量更高（Georgiou et al.，2022）。有时有机碳分子会通过多种方式与土壤矿物质结合，同时，土壤矿物质也会形成一系列复杂的有机碳结合位点。

土壤矿物表面都充满孔隙，一般认为当孔隙小于 20 nm 时，微生物分泌的水解酶将不能进入微孔隙利用其内部的有机碳，在实际情况下，孔隙小于 50 nm，也可以很好地阻隔有机碳的微生物分解（Kaiser et al.，2007）。

7.3.1.3 生化机制

土壤有机质（碳）组成复杂，是由一系列分子结构从简单到复杂的有机物组成的连续复合体，包含简单氨基酸、分解缓慢的木质素、中等分解速率的纤维素。有机碳分解的难易程度与其自身的惰性结构或组分比例有密切关系，土壤中稳定有机质（碳）组分主要有蜡质脂类、木质素、角质以及微生物源的氨基糖。但也有研究表明，土壤中有机碳的稳定性与其自身的惰性结构关系不大（Cotrufo et al.，2015），周边土壤条件是决定有机碳周转速率的最主要因素，如在土壤稳定性碳库中常检出易降解的蛋白质、糖类分子，普遍认为化学性质稳定的木质素在土壤中的降解周期却比其他分子短。因此，惰性分子结构对有机碳稳定性的作用可能还受到土壤环境条件的影响。

7.3.2 土壤碳饱和问题

土壤固碳是土壤物理、化学、生物过程综合作用的结果，土壤有机碳含量与外源有机碳投入强度成正比，但有研究发现，有些土壤，尤其是有机碳含量高的土壤，尽管外源有机碳输入在增加，但是有机碳含量却基本保持不变，稳定在一个值上下。这表明土壤有机碳存在一个极限值，也就是有机碳饱和状态。Six 等（2002）提出土壤碳四库模型，对应的有机碳稳定机制包括化学稳定碳、物理保护碳、生化保护碳、非保护态碳，整个土壤碳库饱和是这 4 个碳库的累积效应。各个组分的碳库并非同时达到饱和，而是呈现明显的分级饱和现象。土壤颗粒按照由小到大的顺序逐级饱和，当矿质组分均已达到饱和时，继续增加外源碳，则会出现在非保护的土壤组分中去。

随着研究的不断深入，一些土壤碳饱和容量的经验公式和参数陆续被提出。在影响土壤固碳的众多因子中，机械组成、黏土矿物类型、pH、物理结构及养分状况等经常被提及，一般认为矿物质与有机碳之间的结合是固碳容量的重要控制因子。Hassink (1997) 提出了著名的经验公式：

$$C_{饱和}=4.09+0.37\times 矿质颗粒（<20\ \mu m）含量 \qquad (7-1)$$

式中，$C_{饱和}$为土壤有机碳饱和含量，mg/g；4.09 为常数项；0.37 为方程系数。

在实际应用中也有用< 53 μm 来取代< 20 μm，但这个估算方法并没有考虑矿物类型，也没有考虑物理保护和结构稳定性，仍需要进一步完善。Six 等 (2002) 提出公式：

$$C_{饱和}=0.26\times(粉粒含量+黏粒含量)+5.5 \qquad (7-2)$$

式中，$C_{饱和}$为土壤有机碳饱和含量，mg/g；0.26 为方程系数；5.5 为常数项。

这些方法对于探讨不同区域和管理措施下土壤有机碳状况、固碳潜力及将来的碳管理都有重要意义。

7.3.3　盐渍化土壤固碳潜力

有机质含量低是盐渍化土壤的一个主要特征，这主要是由于盐胁迫导致植物生长受到抑制，生物量大幅降低，从而向土壤中输入的有机物下降，同时，盐渍化土壤结构差，有机质稳定性差，不易累积。据分析，黄河三角洲重度盐渍化土壤有机质含量不到 1.0%，当前对盐渍化土壤固碳过程与特征的认识尚不清晰，而盐渍化驱动土壤性质发生变化，可能对土壤固碳产生直接或间接影响（图 7-3）。

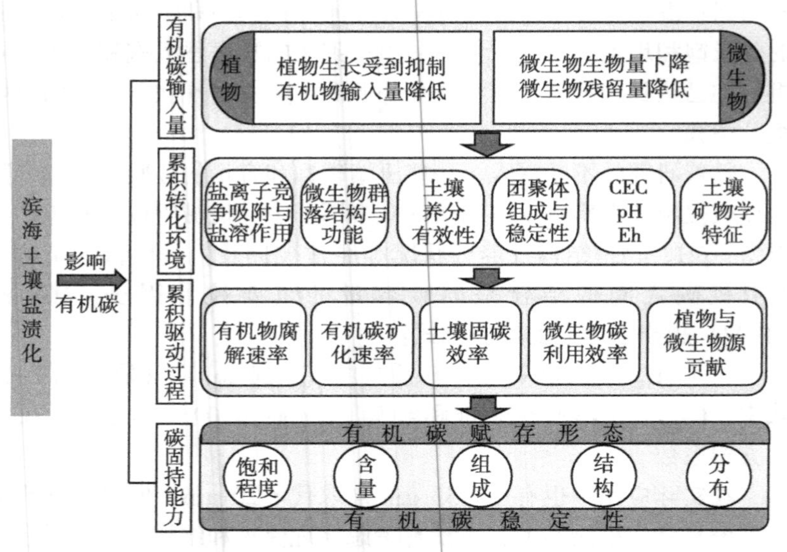

图 7-3 盐渍化对土壤有机碳固持的影响及途径解析

土壤盐渍化降低了微生物活性，改变了其群体大小、组成，外源有机物腐解速率显著降低（Rath et al.，2015；Xie et al.，2021），碳周转时间增长；不同微生物种群具有不同的碳源利用偏好，进而会形成不同的微生物、植物残留（Yan et al.，2021），因此，不同盐渍化程度土壤有机碳来源、组成也会不同。土壤中盐离子浓度升高，会与有机碳竞争与土壤基体的结合，同时，盐溶作用增强，导致自由态有机碳增多，可利用性增加，降解加快（Chambers et al.，2013）。这可能是盐胁迫导致土壤微生物生物量碳、可溶性有机碳短时间升高的重要原因。土壤 pH 与盐渍化程度密切相关，土壤 pH 不仅影响微生物群体结构，还能调控铁铝氧化物等的赋存形态，高 pH 下，土壤中铁铝氧化物溶解性和移动性降低，有机-金属复合物形成受到限制（王纯等，2018）。盐渍化影响土壤发育进程与矿物学特征，不同土壤矿物对有机碳有不同的吸附容量和吸附特性，进而影响土壤固碳过程。在土壤盐渍化过程中，大量 Na^+ 逐渐替代土壤胶体上的 Ca^{2+}、Mg^{2+} 等高价阳离子，团聚体结构受到破坏，导致土壤板结、松散，透气性降低。在滨海盐渍化农田中，>2 mm水稳性大团聚体占 10%左右，粉黏粒占比高达 50%。团聚体是土壤固碳的主要场所，其组成直接影响有机碳的饱和程度与固碳容量。

土壤中平均约有 65%的有机碳为矿质结合态有机碳，团聚体破坏的盐渍化土壤矿质结合态有机碳的占比可能更高，因此，与矿物质结合是盐渍化土壤固碳的主要机制，这决定了土壤固碳能力。以黄河三角洲表层盐渍化土壤为例，前期研究结果显示，基于 Six 等（2002）测算方法，在不考虑盐渍化的情况下，土壤有机碳饱和亏缺率达 60.0%~98.5%。随着盐渍化土地资源的改良利用，土体中含盐量显著降低，对固碳能力的影响越来越小。据测算，仅黄河三角洲近 9 000 hm^2 滨海盐渍化土壤表层有机碳含量提升 0.1%，固持 CO_2 的量就达 3.3×10^9 t。可见，我国盐渍化土壤蕴藏着巨大的固碳潜力，在改良利用提高土地生产能力的同时，对于固碳减排国家战略的实施也具有十分重大的意义。

主要参考文献

王纯, 刘兴土, 仝川, 2018. 盐度对滨海湿地土壤碳库组分及稳定性的影响. 地理科学, 38(5): 800-807.

杨劲松, 姚荣江, 王相平, 等, 2022. 中国盐渍土研究: 历程、现状与展望. 土壤学报, 59(1): 10-27.

周正虎, 刘琳, 侯磊, 2022. 土壤有机碳的稳定和形成: 机制和模型. 北京林业大学学报, 44(10): 11-22.

ANGST G, MUELLER K E, NIEROP K G J, et al., 2021. Plant- or microbial-derived? A review on the molecular composition of stabilized soil organic matter. Soil Biology & Biochemistry, 156, 108189.

BARRETO R C, MADARI B E, MADDOCK J E L, et al., 2009. The impact of soil management on aggregation, carbon stabilization and carbon loss as CO_2 in the surface layer of a Rhodic Ferralsol in Southern Brazil. Agriculture, Ecosystems & Environment, 132(3-4): 243-251.

CHAMBERS L G, OSBORNE T Z, REDDY K R, 2013. Effect of salinity pulsing events on soil organic carbon loss across an intertidal wetland gradient: a laboratory experiment. Biogeochemistry, 115(1): 363-383.

COTRUFO M F, SOONG J L, HORTON A J, et al., 2015. Formation of soil organic matter via biochemical and physical pathways of litter mass loss. Nature Geoscience, 8: 776-779.

GEORGIOU K, JACKSON R B, VINDUŠKOVÁ O, et al., 2022. Global stocks and capacity of mineral-associated soil organic carbon. Nature Communications, 13: 3797.

HASSINK J, 1997. The capacity of soils to preserve organic C and N by their association with clay and silt particles. Plant and Soil, 191(1): 77-87.

KAISER K, GUGGENBERGER G, 2007. Sorptive stabilization of organic matter by microporous goethite: sorption into small pores vs. surface complexation. European Journal of Soil Science, 58(1): 45-59.

KLEBER M, BOURG I C, COWARD E K, et al., 2021. Dynamic interactions at the mineral-organic matter interface. Nature Reviews Earth & Environment, 2(6): 402-421.

RATH K M, ROUSK J, 2015. Salt effects on the soil microbial decomposer community and their role in organic carbon cycling: a review. Soil Biology & Biochemistry, 81, 108-123.

SETIA R, SMITH P, MARSCHNER P, et al., 2012. Simulation of salinity effects on past, present, and future soil organic carbon stocks. Environmental

Science & Technology, 46(3): 1624-1631.

SIX J, CONANT R T, PAUL E A, et al., 2002. Stabilization mechanisms of soil organic matter: implications for C-saturation of soils. Plant and Soil, 241(2): 155-176.

WATTEL-KOEKKOEK E J W, BUURMAN P, VAN DER PLICHT J, et al., 2003. Mean residence time of soil organic matter associated with kaolinite and smectite. European Journal of Soil Science, 54(2): 269-278.

XIE W J, ZHANG Y P, LI J Y, et al., 2021. Straw application coupled with N and P supply enhanced microbial biomass, enzymatic activity, and carbon use efficiency in saline soil. Applied Soil Ecology, 168: 104128.

YAN D Z, LONG X E, YE L L, et al., 2021. Effects of salinity on microbial utilization of straw carbon and microbial residues retention in newly reclaimed coastal soil. European Journal of Soil Biology, 107: 103364.